21世纪高等学校精品规划教材

CHUANGANQI YUANLI YU YINGYONG

传感器原理与应用

主　编　刘红平　冯　鸥
副主编　丁　群　唐良跃　陈　敏
　　　　欧亚军　肖　炜　高洪兴
　　　　刘红宇

U0195931

西北工业大学出版社

图书在版编目（CIP）数据

传感器原理与应用/刘红平,冯鸥主编. —西安:西北工业大学出版社,2015.9
ISBN 978 - 7 - 5612 - 4618 - 4

Ⅰ.①传… Ⅱ.①刘…②冯… Ⅲ.①传感器 Ⅳ.①TP212

中国版本图书馆 CIP 数据核字（2015）第 223934 号

出版发行:西北工业大学出版社
通信地址:西安市友谊西路 127 号 邮编:710072
电 话:(029)88493844 88491757
网 址:http://www.nwpup.com
印 刷 者:陕西翔云印务有限公司
开 本:787 mm×1 092 mm 1/16
印 张:12.875
字 数:306 千字
版 次:2015 年 9 月第 1 版 2015 年 9 月第 1 次印刷
定 价:35.00 元

前 言
prologue

　　传感器技术由探头技术发展而来,它的发展已经历时半个多世纪,现在成了一个独特的领域。近年来,随着信息的发展,与信息相关的各个行业都得到了很快的发展。传感器在这种形式下也不断发展壮大。最近的几十年中,传感器在工业自动化、国防军事以及宇宙、海洋开发等尖端科学技术领域得到了广泛的应用。同时,在交通运输、安全防范、医疗卫生、生物工程、环境保护、家用电器等与人类日常生活密切相关的领域得到了应用。

　　由于传感器种类繁多,涉及的学科门类广泛,本书从教学实践要求出发,以传感器的应用为目地精选内容,对工程生产中典型、常用的几类传感器的原理和应用进行了分析和介绍,避开了过深的理论分析和公式推导,给出了较多的应用实例。全书共十三单元,第一单元传感器概述、第二单元电阻应变式传感器、第三单元电容式传感器、第四单元电感式传感器、第五单元磁电感式传感器、第六单元压电式传感器、第七单元热电式传感器、第八单元光电式传感器、第九单元数字式传感器、第十单元固态图像传感器、第十一单元其他类型传感器、第十二单元传感器应用技术和第十三单元综合试验。本书可作为普通高等院校、高职高专机电一体化技术、自动化等专业的教材,也可作为跨专业选修课教材和相关工程技术人员学习的参考书。

　　本书由刘红平、冯鸥担任主编,具体分工如下:长沙师范学院刘红平编写第1至5单元,湖南理工职业技术学院冯鸥、湖南都市职业学院丁群、湖南潇湘技师学院唐良跃编写第6至8单元,湖南工学院陈敏、湖南电子科技职业学院刘红宇、邵阳职业技术学院肖炜编写第9至11单元,长沙师范学院刘红平、广东省云浮市新兴理工学校高洪兴、长沙民政职业技术学院欧亚军编写第12单元和第13单元,全书由刘红平老师统稿和定稿。

　　传感器技术涉及的学科众多,加之编者水平所限,书中不足之处在所难免,恳请广大读者批评指正。

编　者

2015 年 6 月

目 录

contents

第一单元 传感器的概述

传感器技术和通信技术、计算机技术已成为现代信息技术的三大重要支柱,传感器在当代科学技术中占有十分重要的地位,是高新技术竞争的核心技术之一。其开发研究和生产能力与应用水平直接影响到科学技术的发展和应用。随着人类活动领域的扩大和探索过程的深化,传感器技术已经成为基础科学研究与现代信息技术相融合的新领域。传感技术是一门综合性学科,在系统学习各种传感器之前,我们应该对传感器的基本概念、组成、分类以及基本特性、测量误差和检测系统作了解,这些基本知识的讲解为后续学习和了解各种传感器打下了良好的基础。

项目一 初步认识传感器

学 习 任 务

(1)了解传感器的概念。

(2)掌握传感器的组成,一般由敏感元件、转换元件、信号调理电路和辅助电源。

(3)了解传感器的分类,根据不同的特性以及功能的不同分类就会不同。

相 关 理 论

传感器在广泛意义上来说,就是将物理信号和化学信号转化为电信号的设备。传感器在国际上的正式定义是"传感器是测量系统中的一种前置部件,它将输入变量转换成可供测量的信号"。这样的定义更明确了传感器的功能。通过从传感器的组成以及分类的认识,对传感器有进一步的了解。

一、传感器的概念

国家标准 GB7665—1987 对传感器的定义是"能感受规定的被测量并按照一定的规律转换成可用信号的器件或装置,通常由敏感元件和转换元件组成"。传感器是一种检测装置,能感受到被测量的信息,并能将检测感受到的信息,按一定规律变换成为电信号或其他所需形式的信息输出,以满足信息的传输、处理、存储、显示、记录和控制等要求。

传感器定义中"规定的测量量"包括电量和非电量,一般是指非电量信号,主要包括物理量、化学量和生物量等,在工程中常需要测量的非电量信号有力、压力、温度、流量、位移、速度、

1

加速度、转速、浓度等。而"可用信号"是指便于传输、转换及处理的信号,主要包括气、光和电信号,现在一般就是指电信号(如电压、电流、电势及各种电参数等),因此也可把传感器狭义地定义为能把外界非电信息量转换成电量输出的器件。

传感器在明确定义后可以理解为包括承载体和电路连接的敏感元件,传感器系统则是在获得数字信号后对信号进行某种信息处理的系统。传感器是传感器系统中的主要组成部分,也是传感器系统中负责信息采集的窗口。

传感器从外界获得的信号是自然信号,信号幅度可能很小,并且难以避免其他信号和噪声的干扰。传感器在获得这些信号后,为了能方便后续的处理,就要将信号整理成为具有一定特性的波形,或对这些信号做线性化处理,形成数字化信号进行传导。

传感器处理后的信号通常是传导给微处理系统,由此完成对传感器测量对象的控制。传感器在整个操作系统中的作用是信息收集,传感器的系统定位决定了传感器必须具备将某种形式的能量转化成另外一种形式能量的能力。

传感器主要可以分为有源传感器和无源传感器两种,其中有源传感器是不需要外界电源或能源即可完成能量转换的传感器,而无源传感器则是无法自行完成能量转换需要外接电源或刺激源的传感器。

传感器是测量和控制系统的第一环节,输出信号和被测量之间应具有明确的因果关系;为了满足信息的传输、转换、处理和显示,输出信号要与控制系统、信号处理系统或光学系统相匹配;对于动态范围、响应特性、分辨率和信号噪声比都有一定的要求;对于被测系统的干扰要尽量的小以及能量消耗要少,原有的状态不要改变;抗外界干扰能力强外,性能要可靠、适应能力强,具有一定的过载能力;成本低,寿命长,便于使用、维修等。

二、传感器的组成

传感器的种类很多,根据原理、性能特点以及应用的领域不同,其结构、组成差异各不相同。总的来说,传感器一般由敏感元件、转换元件、信号调理电路和辅助电源等组成,如图1-1-1所示。

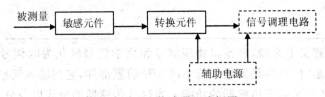

图1-1-1 传感器组成框图

1. 敏感元件(sensing element)

敏感元件是指传感器中直接感受或响应被测量(一般为非电量)的变化,并输出与被测量成一定关系的其他量(如位移、应变、压力、光强等)的元件。

2. 转换元件(transduction element)

转换元件是指传感器中能将敏感元件输出量转换成适于传输或测量的可用信号(如电阻、电容、电压、电荷等)。

传感器的敏感元件和转换元件之间的界限不明显,不是所有的传感器都有敏感元件和转换元件,有些传感器很简单,有些传感器很复杂。简单的传感器(如热电偶传感器、电容式位移传感器)只有一个敏感元件,直接感受被测量并输出可用信号。有些传感器(如应变式压力传感器、压力式加速传感器)由敏感元件和转换元件组成,而有些传感器转换元件也不止一个,而是经过很多次的转换。如应变式密度传感器,它由浮子、悬臂梁和电阻应变片等组成,如图1-1-2所示。根据被测液体的密度不同,浮子的浮力会有相应的变化,通过浮力的作用使悬臂梁变形,随着悬臂梁的变形粘贴在悬臂梁上的电阻应变片将梁的变形转换成电阻的变化,经过转换将液体的密度转换成电阻量的变化。

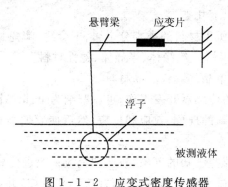

图1-1-2　应变式密度传感器

3.信号调理电路

信号调理电路又称测量电路或转换电路,它是将转换元件输出的可用信号进行处理(如放大、运算、滤波、线性化、补偿等),为电路的显示、记录、处理及控制提供基础。信号调理电路一般有电桥电路、阻抗变换电路、振荡电路等。

4.辅助电源

辅助电源为信号调理电路和传感器提供工作电源,并不是所有的传感器都需要电源(如压变式传感器)。

三、传感器的分类

传感器技术的应用非常的广泛,原理各异,形式多样,与很多的学科有关。同一种被测量可以用不同的传感器来测量;而同一原理的传感器,通常又可以测量多种被测量。因此,传感器的分类方法也不尽相同。可以用不同的观点对传感器进行分类:转换原理(传感器工作的基本物理或化学效应)、用途;输出信号类型以及制作材料和工艺等。

根据传感器转换原理,可分为物理传感器和化学传感器二大类。物理传感器应用的是物理效应,诸如压电效应,磁致伸缩现象,离化、极化、热电、光电、磁电等效应。被测信号量的微小变化都将转换成电信号。化学传感器包括那些以化学吸附、电化学反应等现象为因果关系的传感器,被测信号量的微小变化也将转换成电信号。有些传感器既不能划分到物理类,也不能划分为化学类。大多数传感器是以物理原理为基础运作的。化学传感器技术问题较多,例如可靠性问题,规模生产的可能性,价格问题等,解决了这类难题,化学传感器的应用将会有巨大的增长。

按照用途,传感器可分为:压力敏和力敏传感器,位置传感器,液面传感器,能耗传感器,速度传感器,热敏传感器,加速度传感器,射线辐射传感器,振动传感器,磁敏传感器,真空度传感器,物传感器等。以其输出信号为标准可将传感器分为以下几种类型。

(1)模拟传感器——将被测量的非电学量转换成模拟电信号。

(2)数字传感器——将被测量的非电学量转换成数字输出信号(包括直接和间接转换)。

(3)开关传感器——当一个被测量的信号达到某个特定的阈值时,传感器相应地输出一个设定的低电平或高电平信号。

在外界因素的作用下,所有材料都会作出相应的、具有特征性的反应。它们中的那些对外界作用最敏感的材料,即那些具有功能特性的材料,被用来制作传感器的敏感元件。从所用材料观点出发可将传感器分成以下几类。

(1)按照传感器的分类其所用材料的类别分金属、聚合物、陶瓷、混合物。

(2)按材料的物理性质分 导体、绝缘体、半导体、磁性材料。

(3)按材料的晶体结构分单晶、多晶、非晶材料。

与采用新材料紧密相关的传感器开发工作,可以归纳为下述 3 个方向。

(1)在已知的材料中探索新的现象、效应和反应,然后使它们能在传感器技术中得到实际使用。

(2)探索新的材料,应用那些已知的现象、效应和反应来改进传感器技术。

(3)在研究新型材料的基础上探索新现象、新效应和新反应,并在传感器技术中加以具体实施。

 知识链接

现代传感器制造业的进展取决于用于传感器技术的新材料和敏感元件的开发强度。传感器开发的基本趋势是和半导体以及介质材料的应用密切关联的。

按照其制造工艺,可以将传感器区分为集成传感器、薄膜传感器、厚膜传感器、陶瓷传感器。集成传感器是用标准的生产硅基半导体集成电路的工艺技术制造的。通常还将用于初步处理被测信号的部分电路也集成在同一芯片上。薄膜传感器则是通过沉积在介质衬底(基板)上的,相应敏感材料的薄膜形成的。使用混合工艺时,同样可将部分电路制造在此基板上。厚膜传感器是利用相应材料的浆料,涂覆在陶瓷基片上制成的,然后进行热处理,使厚膜成形。陶瓷传感器是采用标准的陶瓷工艺或其某种变种工艺(溶胶—凝胶等)生产的。完成适当的预备性操作之后,已成形的元件在高温中进行烧结。厚膜和陶瓷传感器这两种工艺之间有许多共同特性,在某些方面,可以认为厚膜工艺是陶瓷工艺的一种变型。

项目二 传感器的基本特性

学习任务

(1)掌握传感器的基本特性包括静态特性:线性度、灵敏度、迟滞、重复性、分辨率和阈值、温漂和稳定性、电磁兼容性等。

（2）了解传感器的动态特性。

相 关 理 论

　　传感器所测得的非电量是不断变化的,传感器能否将这些非电量的变化不失真地变换成相应的电量,取决于传感器的输出与输入之间的关系特性。传感器的这种基本特性是通过其静态特性和动态特性表现出来的。

一、传感器的静态特性

　　传感器的静态特性是指当被测量处于稳态,即被测量不随时间变化或变化极其缓慢时,传感器的输出量与输入量之间的相互关系。衡量静态特性的重要指标是线性度、灵敏度、迟滞、重复性、分辨率和阈值、电磁兼容性等。

　　1.线性度(非线性误差)

　　传感器的线性度是指传感器的输出与输入之间数量关系的线性程度,又称为非线性误差。如不考虑迟滞、蠕变等因素,传感器的输入输出特性可用多项式表示为

$$y = a_0 + a_1 x + a_2 x^2 + a_3 x^3 + \cdots + a_n x^n \tag{1-1}$$

式中,x 为传感器输入量;y 为输出量;a_0 为输入量为零时的输出量,即零位输出量;a_1 为线性项的待定系数,即线性灵敏度;$a_2,a_3\cdots,a_n$ 为非线性项的待定系数。

　　传感器的输入与输出关系可分为线性和非线性,我们理想的线性关系如图 1-2-1 所示,如果多项式(1-1)中的非线性项的阶次不高,在输入量变化范围不大的情况下,可以用一条直线代替,如图 1-2-2 所示。这种方法称为传感器非线性特性的线性化,所采用的直线称为拟合直线传感器在全量程范围内静态标定曲线与拟合直线的接近程度称为线性度。线性度 γ_L 用静态标定曲线和拟合直线之间最大偏差的绝对值 $\Delta L_{\max}$ 与满量程输出值 Y_{FS} 的百分比来表示,其表达式为

$$\gamma_L = \pm \frac{\Delta L_{\max}}{Y_{FS}} \tag{1-2}$$

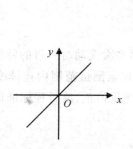

图 1-2-1　理想的线性关系

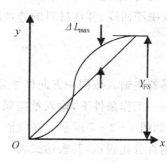

图 1-2-2　线性度

　　2.灵敏度

　　灵敏度是指传感器输出变化量与输入变化量之比,常用 S 表示,其表达式为

$$S = \frac{\Delta y}{\Delta x} \qquad\qquad (1-3)$$

对于线性传感器,灵敏度是一个常数,表示特性曲线的斜率,与输入量大小无关;对于非线性传感器,灵敏度是一个变量,随输入量的变化而变化,如图 1-2-3 所示。一般希望传感器的灵敏度高,在满量程范围内是恒定的,即传感器的特性曲线是一条直线。

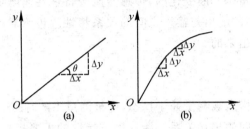

图 1-2-3　传感器的灵敏度

由于外界因素的影响,会引起传感器灵敏度的变化,从而产生灵敏度误差。灵敏度误差用相对误差来表示,其表达式为

$$\gamma_s = \frac{\Delta S_{max}}{S} \times 100\% \qquad\qquad (1-4)$$

式中,γ_s 为灵敏度的相对误差;ΔS_{max} 为灵敏度的最大变化量。

3.迟滞

迟滞是指在相同条件下,当输入量由小到大(正行程),而后又有大到小(反行程)中,输出与输入曲线不重合的程度。在满量程范围内,传感器正反行程输出差值的绝对值中最大的成为滞后量。用来描述正反行程的不一致程度,如图 1-2-4 所示。迟滞用正反行程最大偏差与满量程输出值的百分比来表示,其表达式为

$$\gamma_H = \frac{\Delta H_{max}}{Y_{FS}} \times 100\% \qquad\qquad (1-5)$$

式中,ΔH_{max} 正反行程输出最大偏差。

传感器敏感元件的物理性质和机械零件的缺陷是造成迟滞的主要原因。如磁性材料在外加电场的作用下形成磁滞回线、弹性材料的弹性滞后、机械运动的摩擦、零部件的松动、器件的间隙。

4.重复性

重复性是指传感器在输入按同一方向作全量程连续多次变动时所得的特性曲线不一致的程度。重复是指在同一工作条件下,输入量按同一方向在全测量范围内连续变动多次所得特性曲线的不一致性,如图 1-2-5 所示。在数值上用各测量值正、反行程标准偏差最大值的两倍或三倍与满量程的百分比表示,其表达式为

$$\gamma_R = \pm \frac{\Delta R_{max}}{Y_{FS}} \times 100\% \qquad\qquad (1-6)$$

式中:ΔR_{max} 正、反重复性偏差中较大的。

重复性所反映的是测量结果偶然误差的大小,而不表示与真值之间的差别。有时重复性虽然很好,但可能远离真值。

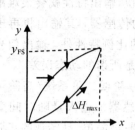

图 1-2-4 传感器的迟滞特性

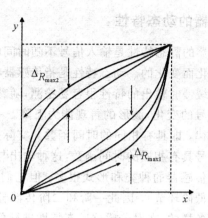

图 1-2-5 传感器的重复性

5．分辨率和阈值

分辨力是指传感器能检出被测信号的最小变化量，是有量纲的数。当被测量的变化小于分辨力时，传感器对输入量的变化无任何反应。对数字仪表而言，如果没有其他附加说明，一般可以认为该表的最后一位所表示的数值就是它的分辨力。一般地说，分辨力的数值小于仪表的最大绝对误差。但是若没有其他附加说明，有时也可以认为分辨力就等于它的最大绝对误差。将分辨力除以仪表的满度量程就是仪表的分辨率，它常以百分数或几分之一表示。当分辨力用满量程输出的百分数表示时称为分辨率。

阈值是传感器输出端产生最小被测输入量值，也就是零点附近的分辨力。

6．漂移和稳定性

在外界的干扰下，输出量发生与输入量无关的、不需要的变化叫做漂移。漂移包括零点漂移和灵敏度漂移。零点漂移和灵敏度漂移又可分为时间漂移和温度漂移。时间漂移是指在规定的条件下，零点或灵敏度随时间的缓慢变化。温度漂移为环境温度变化而引起的零点或灵敏度漂移。

稳定性是在室温条件下，经过相当长的时间间隔，传感器的输出与起始标定时的输出之间的差异。

7．电磁兼容性

电磁兼容是指电子设备在规定的电磁干扰环境中能按照原设计要求而正常工作的能力，而且也不向处于同一环境中的其他设备释放超过允许范围的电磁干扰。随着科学技术、生产力的发展，高频、宽带、大功率的电器设备几乎遍布地球的所有角落，随之而来的电磁干扰也越来越严重地影响检测系统的正常工作。轻则引起测量数据上下跳动；重则造成检测系统内部逻辑混乱、系统瘫痪，甚至烧毁电子线路。因此抗电磁干扰技术就显得越来越重要。自 20 世纪 70 年代以来，越来越强调电子设备、检测、控制系统的电磁兼容性。

对检测系统来说，主要考虑在恶劣的电磁干扰环境中，系统必须能正常工作，并能取得精度等级范围内的正确测量结果。

二、传感器的动态特性

传感器的静态特性是输入信号不随时间的变化而变化,而大多数传感器的输入信号是随时间的变化而变化的。动态特性是指传感器在输入发生变化时的输出特性。当传感器的输入信号变化缓慢时输出的特性很容易检测,随着输入信号变化加快,输出特性就会很难准确地反应输入信号的变化,波形的再现能力下降。一个动态特性好的传感器,其输出将再现输入量的变化规律,即具有相同的时间函数。实际上除了具有理想的比例特性外,输出信号将不会与输入信号具有相同的时间函数,这种输出与输入间的差异就是所谓的动态误差。

虽然传感器的种类和形式很多,但它们一般可以简化为一阶或二阶系统(高阶可以分解成若干个低阶环节),因此一阶和二阶传感器是最基本的。传感器的输入量随时间变化的规律是各种各样的,在对传感器动态特性进行分析时,采用最典型、最简单、易实现的正弦信号和阶跃信号作为标准输入信号。

对于正弦输入信号,传感器的响应称为频率响应或稳态响应,是指传感器在振幅不变的正弦信号作用下的响应特性。在工程中所有的信号都不是正规的正弦信号,但是都可以经过傅里叶变换或者展开成傅里叶级数的形式,即可以把原曲线用一系列的正弦曲线叠加得到。因此,各个复杂变化的曲线的响应,可以用正弦信号的响应特性判断。

对于阶跃输入信号,则称为传感器的阶跃响应或瞬态响应。传感器的瞬态响应是时间响应。在研究传感器的动态特性时,有时需要从时域中对传感器的响应和过渡过程进行分析。这种分析方法是时域分析法,传感器对所加激励信号响应称瞬态响应。常用激励信号有阶跃函数、斜坡函数、脉冲函数等,按照阶跃状态变化输入的响应被称之为阶跃响应。从阶跃响应中可获得它在时间域内的瞬态响应特性,描述的方式为时域描述。瞬态响应反应传感器的固有特性,它和激励的初始状态有关,而与激励的稳态频率无关。瞬态相应的存在说明传感器的响应有一个过渡过程。

项目三 测量误差及检测电路

学习任务

(1)了解测量误差,包括绝对误差和相对误差、粗大误差、系统误差、随机误差和动态误差。

(2)了解检测系统的基本概念和基本构成。

(3)了解测量方法,其中包括直接测量、间接测量与组合测量、等精度测量与不等精度测量、偏差式测量、零位式测量与微差式测量。

(4)了解传感器测量电路的作用。

相关理论

测量的误差直接影响到测量的精度,所以在测量的过程中对各种误差的产生都要了解并且把所有避免的误差都降到最低。检测系统是测量的关键部分,因此在合理使用传感器的情况下,对于检测系统也应有一定的了解。

一、测量误差

测量的目的是希望得到被测量的真实值,但是在测量的过程中由于传感器的不理想、测量方法的不合理、外界因素的干扰和人为的失误等,都会导致测量的值与真实值有一定的差距,这种差距用测量误差来表示。误差就是测量值与真实值之间的差值,它反映了测量值的精度。在侧量过程中误差越小越好。

真值:是表征物理量与给定的特定量的定义一致的量值。真值是客观存在,但是不可测量。随着科学技术的不断发展,人们对客观事物认识的不断提高,测量结果的数值会不断接近真值。

约定真值:是按国际公认的单位定义,利用科学技术发展的最高水平所复现的单位基准,常以法定形式规定或指定。就给定目的而言,约定真值的误差是可以忽略的,如国际计量局保存的国际千克原器 。约定真值相对真值也叫实际值,是在满足规定准确度时用来代替真值使用的值。

标称值:是计量或测量器具上标注的量值。如标准砝码标出的 1kg,标准电池上标出的 1.0186V 等。标称值不一定等于它的实际值,所以,在给出标称值的同时,通常还给出它的误差范围或准确度等级。

示值:是由测量仪表给出或提供的量值,也称测量值。

准确度:是测量结果中系统误差和随机误差的综合,表示测量结果与真值的一致程度。准确度涉及到真值,由于真值的不可知性,所以它只是一个定性概念。定量表达时应该用"测量不确定度"。

测量不确定度:是表示测量结果(测量值)不能肯定的程度,或者说它是表征测量结果分散程度高低的一个可量化的表示值。通常用标准偏差法或统计学方法进行评定测量结果。

重复性:在相同条件下(即相同程序、条件、人员、设备、地点),对同一被测量进行多次连续测量所得结果之间的一致性。

误差公理:在实际测量中,由于测量设备不准确、测量方法(手段)不完善、测量程序不规范及测量环境因素的影响,都会导致测量结果或多或少地偏离被测量的真值。测量结果与被测量真值之差就是测量误差。测量误差的存在是不可避免的,也就是说"一切测量都有误差,误差自始至终存在于所有科学试验的过程中",这就是误差公理。

人们研究测量误差的目的就是寻找产生误差的原因,认识误差的规律、性质,进而找出减小误差的途径与方法,以求获得尽可能接近真值的测量结果。

1. 绝对误差和相对误差

绝对误差是测量值与被测量真值之间的差值,其表达式为

$$\Delta = x - A \qquad\qquad (1-7)$$

式中,Δ 为绝对误差;x 为测量值;A 为真值。

例如在称重的测试中,测量某一重量的误差为测量重与真实重量的差值。绝对误差可能是正值或负值。在实际测量中,常用被测的量的实际值来代替真值,而实际值的定义是满足规定精确度的用来代替真值使用的量值。

在实际工作中,经常使用修正值,为消除系统误差用代数法加到测量结果上的值称为修正

值,将测得的值加上修正值后可得近似的真值。修正值与误差值的大小相等而符号相反,测得值加修正值后可以消除该误差的影响,但必须注意一般情况下难以得到真值,因为修正值本身也有误差,修正后只能得到较测量值更为准确的结果。

相对误差定义为绝对误差与真值之比,因为测量值与真值接近,故也近似用绝对误差与测量值之比值作为相对误差,其表达式为

$$\gamma_A = \frac{\Delta}{A} \times 100\%$$ (1-8)

式中,γ_A 为相对误差,一般用百分数表示;Δ 为绝对误差;A 为真实值。

由于绝对误差可能为正值或负值,因此相对误差也可能为正值或负值。

特别指出的是满度(引用)相对误差,满度(引用)相对误差是指测量仪表中相对仪表满量程的一种相对误差,也用百分数表示,其表达式为

$$\gamma_m = \frac{\Delta}{测量范围上线-测量范围下限} \times 100\%$$ (1-9)

式中,γ_m 为引用误差;Δ 为绝对误差。

仪表的精度等级是根据引用误差 γ_m 来确定,我国电工仪表的精度等级按 γ_m 的大小分为7级:0.1,0.2,0.5,1.0,1.5,2.5 和 5.0。

2. 粗大误差

超出在规定条件下预期的误差称为粗大误差,或称"寄生误差"。粗大误差主要是由于测量人员的粗心大意及电子测量仪器受到突然而强大的干扰所引起的。如测错、读错、记错、外界过电压尖峰干扰等造成的误差。就数值大小而言,粗大误差明显超过正常条件下的误差。当发现粗大误差时,应予以剔除。

3. 系统误差

在同一条件下,多次测量同一量时,绝对误差和符号保持不变,或在条件改变时,按一定规律变化的误差称为系统误差。系统误差决定了测量的准确度,系统误差越小,测量结果越准确,故系统误差说明了测量结果偏离被测量真值的程度。系统误差是有规律性的,因此可以通过实验的方法或引入修正值的方法计算修正,也可以重新调整测量仪表的有关部件予以消除。

4. 随机误差

在同一条件下,多次测量同一被测量,有时会发现测量值时大时小,误差的绝对值及正、负以不可预见的方式变化,该误差称为随机误差,也称偶然误差,它反映了测量值离散性的大小。随机误差是测量过程中许多独立的、微小的、偶然的因素引起的综合结果。

存在随机误差的测量结果中,虽然单个测量值误差的出现是随机的,既不能用实验的方法消除,也不能修正,但是就误差的整体而言,多数随机误差都服从正态分布规律。

5. 动态误差

当被测量随时间迅速变化时,系统的输出量在时间上不能与被测量的变化精确吻合,这种误差称为动态误差。

二、检测系统

1．检测的基本概念

检测技术，有时也称测试技术，它包含测量和试验两个内容。测量就是把被测对象中的某种信息检测出来，并加以度量；试验，就是通过某种人为的方法，把被测系统所存在的某种信息，通过专门的装置，人为地把它激发出来并加以测量。

一个完整的检测过程应包括信息的提取（就是把被测信号转换成电压、电流或电路量（电阻、电感、电容）等信号输出，通过用传感器来完成），信号的转换存储与传输（把信号转换成容易存储，便于传输并具有驱动能力的电压量，通过转换装置来完成），信号的显示和记录（通过显示器，半导体存储器和记录仪完成），信号的处理和分析（找出信号中存在的规律，给出信息的准确度，通过分析来控制原信号中有用的信号，常用的显示方法有模拟显示、数字显示和图像显示 3 种，单一的仪器功能可通过计算机软件来完成）。检测的功能：参数测量，参数控制，数据分析处理和判断。

2．检测系统的基本构成

检测系统是包含被测对象的特征量进行检出、变换、传输、分析、处理、判断和显示的不同功能的环节所构成的一个整体。作为一个检测系统，能激励被测对象，使其产生表示其特征的信号；能对信号进行转换、传输、分析、处理和显示；能最终提取被测对象中的有用信息。

激励装置是用来激励被测对象产生表征其特征信号的一种装置。信号发生器是激励装置的核心部分，用它产生的各种信号激励被测对象。测量装置是把被测对象产生的信号转换成易于处理和记录的信号。检测系统的信号获取部分由传感器来完成，它把被测物理量转换成以电参量为主要形式的可用信号。测量电路是对传感器所输出的信号进行处理，使它变成所需要的便于传输、显示、记录的信号。数据处理装置是对从测量装置输出的信号进行处理、运算和分析。通过该装置可以提取有用的信。检测系统中的数据处理装置多采用数字信号的处理。显示、记录装置以便人们控制和分析有用的信息。

三、测量方法

由测量所获得的被测的量值叫测量结果。测量结果可用一定的数值表示，也可以用一条曲线或某种图形表示。但无论其表现形式如何，测量结果应包括两部分：比值和测量单位。确切地讲，测量结果还应包括误差部分。

被测量值和比值等都是测量过程的信息，这些信息依托于物质才能在空间和时间上进行传递。参数承载了信息而成为信号。选择其中适当的参数作为测量信号，例如热电偶温度传感器的工作参数是热电偶的电势，差压流量传感器中的孔板工作参数是差压 Δp。测量过程就是传感器从被测对象获取被测量的信息，建立起测量信号，经过变换、传输、处理，从而获得被测量的量值。

实现被测量与标准量比较得出比值的方法，称为测量方法。针对不同测量任务进行具体分析以找出切实可行的测量方法，对测量工作是十分重要的。

对于测量方法，从不同角度，有不同的分类方法。根据获得测量值的方法可分为直接测量、间接测量和组合测量；根据测量的精度因素情况可分为等精度测量与非等精度测量；根据测量方式可分为偏差式测量、零位式测量与微差式测量;根据被测量变化快慢可分为静态测量与动态测量;根据测量敏感元件是否与被测介质接触可分为接触测量与非接触测量;根据测量系统是否向被测对象施加能量可分为主动式测量与被动式测量等。

1.直接测量、间接测量与组合测量

在使用仪表或传感器进行测量时,对仪表读数不需要经过任何运算就能直接表示测量所需要的结果的测量方法称为直接测量。例如,用磁电式电流表测量电路的某一支路电流,用弹簧管压力表测量压力等,都属于直接测量。直接测量的优点是测量过程简单而又迅速,缺点是测量精度不高。

在使用仪表或传感器进行测量时,首先对与测量有确定函数关系的几个量进行测量,将被测量代入函数关系式,经过计算得到所需要的结果,这种测量称为间接测量。间接测量测量手续较多,花费时间较长,一般用在直接测量不方便或者缺乏直接测量手段的场合。

若被测量必须经过求解联立方程组,才能得到最后结果,则称这样的测量为组合测量。组合测量是一种特殊的精密测量方法,操作手续复杂,花费时间长,多用于科学实验或特殊场合。

2.等精度测量与不等精度测量

用相同仪表与测量方法对同一被测量进行多次重复测量,称为等精度测量。用不同精度的仪表或不同的测量方法,或在环境条件相差很大时对同一被测量进行多次重复测量称为非等精度测量。

3.偏差式测量、零位式测量与微差式测量

用仪表指针的位移(即偏差)决定被测量的量值,这种测量方法称为偏差式测量。应用这种方法测量时,仪表刻度事先用标准器具标定。在测量时,输入被测量,按照仪表指针在标尺上的示值,决定被测量的数值。这种方法测量过程比较简单、迅速,但测量结果精度较低。

用指零仪表的零位指示检测测量系统的平衡状态,在测量系统平衡时,用已知的标准量决定被测量的量值,这种测量方法称为零位式测量。在测量时,已知标准量直接与被测量相比较,已知量应连续可调,指零仪表指零时,被测量与已知标准量相等。例如天平、电位差计等。零位式测量的优点是可以获得比较高的测量精度,但测量过程比较复杂,费时较长,不适用于测量迅速变化的信号。

微差式测量是综合了偏差式测量与零位式测量的优点而提出的一种测量方法。它将被测量与已知的标准量相比较,取得差值后,再用偏差法测得此差值。应用这种方法测量时,不需要调整标准量,而只需测量两者的差值。微差式测量的优点是反应快,而且测量精度高,特别适用于在线控制参数的测量。

四、传感器测量电路的作用、要求

传感器输出的信号比较弱,不能直接驱动显示仪器、记录仪器、控制仪器或把输出的数据进行处理等,这些输出的有用信号必须通过一定的加工、处理才能获得原有的信息。这些信息的处理都是通过专门的电子电路来处理。常用的单元电路有:电桥电路、谐振电路、脉冲调宽电路、调频电路、取样—保持电路、模数(A/D)和数模(D/A)转换电路、调制解调电路、温度补偿电路、具有非线性特性的线性化电路、细分电路、辨向电路、当量变换和编码变换电路等。通

过单元电路组成传感器的测量电路。

　　传感器测量电路的要求根据传感器输出信号的形式和输出特性以及后续仪器、仪表、装置和设备等对信号的要求来确定。在测量电路与传感器的连接上,要考虑阻抗匹配及长电缆可能带来的电阻、电容和噪声的影响。放大器的放大倍数要满足显示器、A/D转换器或I/O接口对输入电压的要求。测量电路的选用要满足仪器、仪表或自动控制系统的精度、动态特性及可靠性要求。测量电路中采用的晶体管、集成电路和其他元器件应满足仪器、仪表或自动控制装置使用环境的要求(如温度、湿度等)或某种特殊要求(如防磁、防爆等)。测量电路应考虑外部和内部的温度影响及电磁场的干扰,并采取相应的措施予以解决。如附加温度补偿电路、加屏蔽或加光电隔离等。测量电路的结构和尺寸、电源电压和功耗要与仪器、仪表或自动控制系统整体相协调。

知识链接

　　近年来,随着生物科学、信息科学和材料科学发展的推动,生物传感器技术飞速发展。可以预见,未来的生物传感器将具有以下特点。

　　功能多样化:未来的生物传感器将进一步涉及医疗保健、疾病诊断、食品检测、环境监测、发酵工业的各个领域。目前,生物传感器研究中的重要内容之一就是研究能代替生物视觉、听觉和触觉等感觉器官的生物传感器,即仿生传感器。

　　微型化:随着微加工技术和纳米技术的进步,生物传感器将不断地微型化,各种便携式生物传感器的出现使人们在家中进行疾病诊断,在市场上直接检测食品成为可能。

　　智能化与集成化:未来的生物传感器必定与计算机紧密结合,自动采集数据、处理数据,更科学、更准确地提供结果,实现采样、进样、结果一条龙,形成检测的自动化系统。同时,芯片技术将越来越多地进入传感器领域,实现检测系统的集成化、一体化。

　　低成本、高灵敏度、高稳定性和高寿命:生物传感器技术的不断进步,必然要求不断降低产品成本,提高灵敏度、稳定性和延长寿命。这些特性的改善也会加速生物传感器场化、商品化的进程。

单元提炼

　　传感器技术作为信息科学的一个重要分支,与计算机技术、自动控制技术和通信技术等一起构成了信息技术的完整学科。传感器已渗透到诸如工业生产、宇宙开发、海洋探测、环境保护、资源调查、医学诊断、生物工程、甚至文物保护等等极其广泛的领域。从茫茫的太空到浩瀚的海洋,以至各种复杂的工程系统,几乎每一个现代化项目,都离不开各种各样的传感器。

　　本章从传感器的概念、传感器的组成和分类、传感器的基本特性、测量误差及检测系统、测量电路等方面简单介绍了传感器的各个方面的性能。"没有传感器技术就没有现代科学技术"的观点现在已为全世界所公认。科学技术越发、自动化程度越高,对各种传感器的需求越大。

　　传感器是利用各种物理效应、化学效应(或反应)以及生物效应实现非电量到电量转换的装置或器件。传感器的作用可包括信息的收集、信息数据的交换及控制信息的采集。

　　现代高科技对传感器技术提出更高更新的要求,采用新原理、开发新材料、采用新技术工艺（微细加工技术，纳米技术，集成技术，低温超导技术等），以扩大传感器的功能与应用范围。

● 单 元 练 习

1.1　简述传感器的基本概念。

1.2　简述传感器的组成与分类。

1.3　简述几种测量误差。

1.4　简述测量方法。

1.5　简述测量电路的作用与要求。

第二单元　电阻应变式传感器

电阻式传感器是将非电量(如力、位移、形变、速度和加速度等)的变化量,变换成与之有一定关系的电阻值的变化,通过对电阻值的测量达到对上述非电量测量的目的。由于它的结构简单、易于制造、价格便宜、性能稳定、输出功率大,至今在检测技术中应用仍甚为广泛。

项目一　电阻应变式传感器

学 习 任 务

(1)了解电阻应变片式传感器概念。
(2)掌握电阻应变片式传感器的结构组成及工作原理。
(3)了解电阻应变片式传感器的选择、测量电路和应用。

相 关 理 论

通过应变片将被测物理量(如应变、力、位移、加速度、扭矩等)转换成电阻变化的器件称为电阻应变式传感器。由于电阻应变片式传感器具有结构简单、体积小、使用方便、动态响应快、测量精确度高等优点,因而被广泛应用于航天、机械、电力、化工、建筑、纺织、医学等领域,成为目前应用最广泛的传感器之一。

一、电阻应变式传感器的工作原理

电阻应变片简称应变片,是一种能将试件上的应变变化转换成电阻变化的传感元件,其转换原理是基于金属电阻丝的电阻应变效应。所谓电阻应变效应是指金属导体(电阻丝)的电阻值随变形(伸长或缩短)而发生改变的一种物理现象。设有一根圆截面的金属丝,其原始电阻值 R 为

$$R = \rho \frac{L}{A} \qquad\qquad (2-1)$$

式中,ρ 为电阻丝的电阻率;L 为电阻丝的长度;A 为电阻丝的截面积。

当金属丝受轴向力时,ρ,A,L 都发生变化,从而引起电阻值 R 发生变化。工程上利用这一原理设计了一系列的应变片,满足信号检测的需要。

当金属丝发生单位长度变化(应变)时,其大小为电阻变化率与其应变的比值,亦即单位应

变的电阻变化率为

$$\frac{\mathrm{d}R}{P}=K_0\varepsilon \tag{2-2}$$

式中，K_0 为单根金属丝的灵敏系数；ε 为一应变片的应变，方向与主应力方向一致。

二、电阻应变片的结构

电阻应变片主要由四部分组成。如图 2-1-1 所示，电阻丝是应变片的敏感元件；基片、覆盖片起定位和保护电阻丝的作用，并使电阻丝和被测试件之间绝缘；引出线用以连接测量信号线。

三、电阻应变片的主要参数

由于应变片各部分的材质、性能以及线栅形式和工艺等方面的因素，应变片在工作中所表现的性质和特点也有差别，因此需要对应变片的主要规格、特性和影响因素进行研究，以便合理选择、正确使用和研制新的应变片。

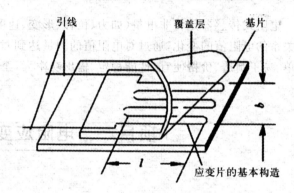

图 2-1-1　电阻应变片的结构

（1）应变片电阻值（R_0）。电阻应变片的电阻值有 60Ω，120Ω，350Ω，500Ω 和 1 000Ω 等多种规格，以 120Ω 最为常用。

应变片的电阻值越大，允许的工作电压就大，传感器的输出电压也大，相应地应变片的尺寸也要增大，在条件许可的情况下，应尽量选用高阻值应变片。

（2）绝缘电阻。（敏感栅与基底间电阻值：要求≥1 010Ω。

（3）应变片的灵敏系数（K）。金属应变丝的电阻相对变化与它所感受的应变之间具有线性关系，用灵敏度系数 K 表示。

（4）机械滞后。应变片粘贴在被测试件上，当温度恒定时，其加载特性与卸载特性不重合，即为机械滞后。

（5）零漂和蠕变。对于粘贴好的应变片，当温度恒定时，不承受应变时，其电阻值随时间增加而变化的特性，称为应变片的零点漂移。

如果在一定温度下，使应变片承受恒定的机械应变，其电阻值随时间增加而变化的特性称为蠕变。一般蠕变的方向与原应变量的方向相反。

（6）应变极限、疲劳寿命。在一定温度下，应变片的指示应变对测试值的真实应变的相对误差不超过规定范围（一般为 10%）时的最大真实应变值。

疲劳寿命指对已粘贴好的应变片，在恒定幅值的交变力作用下，可以连续工作而不产生疲劳损坏的循环次数。

（7）允许电流：静态 25mA，动态：75～100mA。

四、金属电阻应变片的材料

对电阻丝（敏感栅）材料应有下述要求。

（1）灵敏系数大，且在相当大的应变范围内保持常数。

(2)ρ 值大，即在同样长度、同样横截面积的电阻丝中具有较大的电阻值。

(3)电阻温度系数小，否则因环境温度变化也会改变其阻值。

(4)与铜线的焊接性能好，与其他金属的接触电势小。

(5)机械强度高，具有优良的机械加工性能。

常用材料：康铜、镍铬合金、铁铬铝合金、铁镍铬合金、贵金属（铂、铂钨合金等）材料，常用金属电阻丝材料的性能见表 2-1-1。

表 2-1-1　常用金属电阻丝材料的性能

材料	成分		灵敏系数 K_0	电阻率/$(\mu\Omega \cdot mm)$（20℃）	电阻温度系数/$\times 10^{-6}$℃（0～100℃）	最高使用温度/℃	对铜的热电势/$(\mu V/℃)$	线膨胀系数/$\times 10^{-6}$℃
	元素	质量分数%						
康铜	Ni	45	1.9～2.1	0.45～0.25	±20	300（静态）400（动态）	43	15
	Cu	55						
镍铬合金	Ni	80	2.1～2.3	0.9～1.1	110～130	450（静态）800（动态）	3.8	1.4
	Cr	20						
镍铬铝合金（6J22，卡马合金）	Ni	74	2.4～2.6	1.24～1.42	±20	450（静态）800（动态）	3	13.3
	Cr	20						
	Al	3						
	Fe	3						
镍铬铝合金（6J23）	Ni	75	2.4～2.6	1.24～1.42	±20	450（静态）800（动态）	3	
	Cr	20						
	Al	3						
	Fe	2						
镍铬铝合金	Fe	70	2.8	1.3～1.5	30～40	700（静态）1000（动态）	2～3	14
	Cr	25						
	Al	5						
铂	Pt	100～	4～6	0.9～0.11	3900	800（静态）	7.6	8.9
铂钨合金	Pt	92	3.5	0.68	227	100（动态）	6.1	8.3～9.2
	W	8						

五、电阻应变片的选择

因为不同用途的应变片，对其工作特性的要求往往不同，所以选择电阻应变片时，应该根据测量环境、试件状况、应变性质等具体使用要求，有针对性地选用具有相应功能和性能的应变片。

六、电阻应变片的粘贴

应变片是用黏合剂粘贴到被测件上的。黏合剂形成的胶层必须准确迅速地将被测件应变传递到敏感栅上。选择黏合剂时必须考虑应变片材料和被测件材料性能，不仅要求粘接力强，粘接后机械性能可靠，而且粘合层要有足够大的剪切弹性模量，良好的电绝缘性，蠕变和滞后小,耐湿,耐油,耐老化,动态应力测量时耐疲劳等。还要考虑到应变片的工作条件,如温度、相对湿度、稳定性要求以及贴片固化时加热加压的可能性等。

常用的黏结剂类型有硝化纤维素型、氰基丙稀酸型、聚酯树脂型、环氧树脂型和酚醛树脂型等。

粘贴工艺包括被测件粘贴表面处理、贴片位置确定、涂底胶、贴片、干燥固化、贴片质量检查、引线的焊接与固定以及防护与屏蔽等。黏合剂的性能及应变片的粘贴质量直接影响应变片的工作特性,如零漂、蠕变、滞后、灵敏系数、线性以及它们受温度变化影响的程度。可见,选择黏合剂和正确的粘接工艺与应变片的测量精度有着极重要的关系。

七、测量电路

由于机械应变一般都很小,要把微小应变引起的微小电阻变化测量出来,同时要把电阻相对变化 $\Delta R/R$ 转换为电压或电流的变化。因此,需要有专用测量电路用于测量应变变化而引起电阻变化的测量电路,采用最多的为直流电桥

1. 直流电桥电路

典型的直流电桥结构如图 2-1-2 所示,它有 4 个纯电阻的桥臂,传感器电阻可以充任其中任意一个桥臂。E 为电源电压,U_0 为输出电压,R_L 为负载电阻,由此可得桥路输出电压的一般形式为

$$U_L = \frac{R_1}{R_1 + R_2} U_E - \frac{R_3}{R_3 + R_4} U_E = U_E \frac{R_1 R_4 - R_2 R_3}{(R_1 + R_2)(R_3 + R_4)} \qquad (2-3)$$

显然,当 $R_1 R_4 - R_2 R_3$ 时,桥路输出电压 U_L 为零。

2. 电桥输出电压灵敏度

电桥电路可分为,单臂电桥、双臂电桥、全桥 3 种类型。根据电阻值输入电桥的方法不同,它们的灵敏度也不相同。

电桥输出电压灵敏度可表示为

$$K = n \frac{U}{4} \qquad (2-4)$$

式中,n 为桥臂系数。

由式(2-4)可知,电桥电路的灵敏度随着桥臂系数(n)的变大而增高,并随供电电压(U)的升高而增高。图 2-1-3 为全等臂电桥。

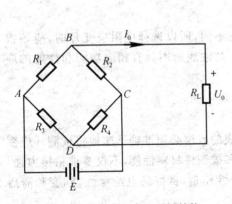

图 2-1-2　典型直流电桥结构

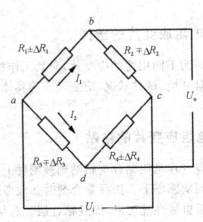

图 2-1-3　全等臂电桥工作原理

八、电阻应变片的温度误差及其补偿

1.温度误差及其产生原因

用作测量应变的金属应变片,希望其阻值仅随应变变化,而不受其他因素的影响。实际上应变片的阻值受环境温度(包括被测试件的温度)影响很大。由于环境温度变化引起的电阻变化与试件应变所造成的电阻变化几乎有相同的数量级,从而产生很大的测量误差,称为应变片的温度误差,又称热输出。

2. 温度误差补偿方法

电阻应变片的温度补偿方法通常有线路补偿和应变片自补偿两大类。

(1)线路补偿法。电桥补偿是最常用且效果较好的线路补偿。图 2-1-4(a)是电桥补偿法的原理图。

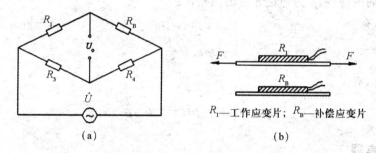

R_1—工作应变片；R_B—补偿应变片

图 2-1-4　电桥补偿法

如图 2-1-4 所示,R_3,R_4 为固定电阻,工作应变 R_1 安装在被测试件上,另选一个特性与 R_1 相同的补偿片 R_B。安装在材料与试件相同的补偿件上,温度与试件相同,但不承受应变。R_1 与 R_B 接入电桥相邻臂上。由于相同温度变化造成 R_1 与 R_B 电阻变化相同,根据电桥理论可知,电桥输出电压与温度变化无关。电桥补偿法的优点是在常温下补偿较好,简单、方便。缺点是温度变化大,较难把握。

(2)应变片的自补偿法。这种温度补偿法是利用自身具有温度补偿作用的应变片(称之为温度自补偿应变片)来补偿的。这种方法的特点是简单、实用、效果好

项目二　电阻应变式传感器的应用

金属应变片,除了测定试件应力、应变外,还制造成多种应变式传感器用来测量力、扭矩、加速度、压力等其他物理量。

学 习 任 务

掌握电阻应变式传感器的应用电路。

相 关 理 论

应变式传感器包括两个部分:一是弹性敏感元件,利用它将被测物理量(如力、扭矩、加速度、压力等)转换为弹性体的应变值;另一个是应变片作为转换元件将应变转换为电阻的变化。

一、柱式力传感器有空心(筒形)、实心(柱形)

圆柱式力传感器的弹性元件分为实心和空心两种。

在轴向布置一个或几个应变片,在圆周方向布置同样数目的应变片,后者取符号相反的横向应变,从而构成了差动对,如图 2-2-1 所示。由于应变片沿圆周方向分布,所以非轴向载荷分量被补偿,在与轴线任意夹角的 σ 方向,其应变为

$$\varepsilon_a = \frac{\varepsilon_1}{2}\left[(1-\mu)+(1+\mu)\cos 2\alpha\right] \qquad (2-5)$$

式中,ε_1 为沿轴向的应变;μ 为弹性元件的泊松比。

当 $\sigma=0$ 时,有

$$\varepsilon_a = \varepsilon_1 = \frac{F}{SE} \qquad (2-6)$$

当 $\sigma=90°$ 时,有

$$\varepsilon_a = \varepsilon_2 = -\mu\varepsilon_1 = -\mu\frac{F}{SE} \qquad (2-7)$$

二、梁力式传感器

等强度梁弹性元件是一种特殊形式的悬臂梁。梁的固定端宽度为 b_0,自由端宽度为 b,梁长为 L,梁厚为 h。力 F 作用于梁端三角形顶点上,梁内各断面产生的应力相等,故在对 L 方向上粘贴应变片位置要求不严。如图 2-2-2 所示

三、应变式压力传感器

测量气体或液体压力的薄板式传感器,如图 2-2-3 所示。当气体或液体压力作用在薄板承压面上时,薄板变形,粘贴在另一面的电阻应变片随之变形,并改变阻值。这时测量电路中电桥平衡被破坏,产生输出电压。

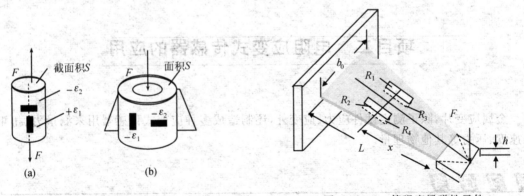

图 2-2-1　柱式力传感器　　　　　　　　图 2-2-2　等强度梁弹性元件

圆形薄板固定形式:采用嵌固形式,如图 2-2-3(a)所示或与传感器外壳作成一体,如图 2-2-3(b)所示。

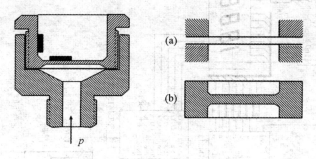

图 2-2-3　应变式压力传感器

四、应变式加速度传感器

该传感器由端部固定并带有惯性质量块的悬臂梁及贴在梁根部的应变片、基座及外壳等组成,是一种惯性式传感器。

如图 2-2-4 所示测量时,根据所测振动体加速度的方向,把传感器固定在被测部位。当被测点的加速度沿图中箭头所示方向时,固定在被测部位。当被测点的加速度沿图中箭头所示方向时,悬臂梁自由端受惯性力 $F=ma$ 作用,质量块向箭头 a 相反的方向相对于基座运动,使梁发生弯曲变形,应变片电阻也发生变化,产生输出信号,输出信号大小与加速度成正比。

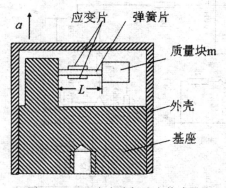

图 2-2-4　应变式加速度传感器

五、起重机吊钩电子秤

传感器选用 BLR-1 型电阻应变式拉压力传感器。测量电桥因受重力作用引起的输出电压变化很小,必须对这个电压进行放大。电压放大器由第四代斩波稳零运算放大器 ICL7650 组成。这是一个差动放大器,其电压放大倍数为 100 倍。如果称重量程 2 000kg,差动变压器的反馈电阻和分压电阻取值 100kΩ 是合适的;若量程较小或较大,应适当减小或增大这两个电阻。输出经简单 RC 滤波后输出到 A/D 转换器。如图 2-2-5 所示。

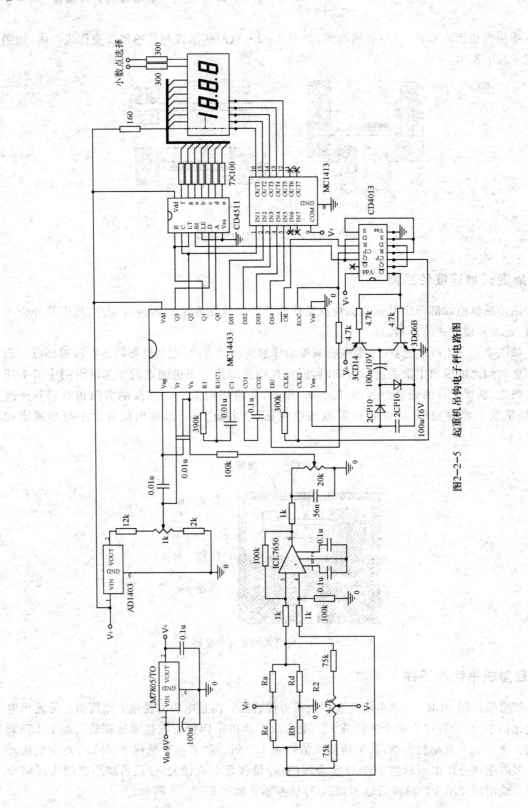

图2-2-5 起重机吊钩电子秤电路图

 **知识链接**

1. 金属电阻应变片的材料

对电阻丝材料应有以下要求：

(1)灵敏系数大，且在相当大的应变范围内保持常数。

(2)ρ值大，即在同样长度、同样横截面积的电阻丝中具有较大的电阻值。

(3)电阻温度系数小，否则因环境温度变化也会改变其阻值。

(4)与铜线的焊接性能好，与其他金属的接触电势小。

(5)机械强度高，具有优良的机械加工性能。

康铜是目前应用最广泛的应变丝材料，这是由于它有很多优点：灵敏系数稳定性好，不但在弹性变形范围内能保持为常数，进入塑性变形范围内也基本上能保持为常数；康铜的电阻温度系数较小且稳定，当采用合适的热处理工艺时，可使电阻温度系数在$\pm50\times10^{-6}/℃$的范围内；康铜的加工性能好，易于焊接，因而国内外多以康铜作为应变丝材料。

2. 应变片的粘贴

应变片是用粘结剂粘贴到被测件上的。粘结剂形成的胶层必须准确迅速地将被测件应变传递到敏感栅上。选择粘结剂时必须考虑应变片材料和被测件材料性能，不仅要求粘接力强，粘结后机械性能可靠，而且粘合层要有足够大的剪切弹性模量，良好的电绝缘性、蠕变和滞后小，耐湿、耐油、耐老化，动态应力测量时耐疲劳等。还要考虑到应变片的工作条件，如温度、相对湿度、稳定性要求以及贴片固化时加热加压的可能性等。常用的黏合剂类型有硝化纤维素型、氰基丙稀酸型、聚酯树脂型、环氧树脂型和酚醛树脂型等。

黏合剂的性能及应变片的粘贴质量直接影响应变片的工作特性，如零漂、蠕变、滞后、灵敏系数、线性以及它们受温度变化影响的程度。可见，选择黏合剂和正确的粘结工艺与应变片的测量精度有着极重要的关系。应变片的粘贴工艺主要分为以下几步：

(1)去污：采用手持砂轮工具除去构件表面的油污、漆、锈斑等，并用细纱布交叉打磨出细纹以增加粘贴力，用浸有酒精或丙酮的纱布片或脱脂棉球擦洗。

(2)贴片：在应变片的表面和处理过的粘贴表面上，各涂一层均匀的黏合胶，用镊子将应变片放上去，并调好位置，然后盖上塑料薄膜，用手指揉和滚压，排出下面的气泡。

(3)测量：从分开的端子处，预先用万用表测量应变片的电阻，发现端子折断和坏的应变片。

(4)焊接：将引线和端子用烙铁焊接起来，注意不要把端子扯断。

(5)固定：焊接后用胶布将引线和被测对象固定在一起，防止损坏引线和应变片。

● **单元提炼**

1. 电阻效应：金属和半导体材料在外力作用下发生机械变形时，其电阻值也随之发生变化，这种现象就称为电阻应变效应。

2. 金属电阻应变片的结构：敏感栅、基片、引线、覆盖层和黏合剂。

3. 电阻应变片的特性：

(1)灵敏系数:$K=\dfrac{\Delta R}{R}/\varepsilon$。

(2)横向效应因数:$H=\dfrac{K_y}{K_x}=\dfrac{(n-1)\pi r}{2nl+(n-1)\pi r}$。

(3)机械滞后。

(4)零点漂移和蠕变。

(5)应变极限。

(6)动态特性。

4.电阻应变片的测量电路

在电阻应变片式传感器中,最常用的转换测量电路是桥式电路。按供桥电源的性质不同,桥式电路可分为交流电桥电路和直流电桥电路。

单 元 练 习

2.1 什么是应变效应?什么是压阻效应?什么是横向效应?

2.2 试说明金属应变片与半导体应变片的相同和不同之处。

2.3 应变片产生温度误差的原因及减小或补偿温度误差的方法是什么?

2.4 如题图2-1所示为等强度梁测力系统,R_1为电阻应变片,应变片灵敏度系数$k=2.05$,未受应变时$R_1=120\Omega$,当试件受力F时,应变片承受平均应变$\varepsilon=8\times10^{-4}$,求

(1)应变片电阻变化量ΔR_1和电阻相对变化量$\Delta R_1/R_1$。

(2)将电阻应变片置于单臂测量电桥,电桥电源电压为直流3V,求电桥输出电压是多少。

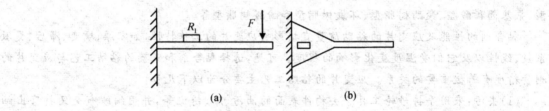

题图2-1 等强度梁测力系统

第三单元　电容式传感器

电容式传感器是将被测量变化转换成电容量变化的一种装置,它本身具有结构简单、动态性能好、体积小、灵敏度高、分辨率高、可实现非接触测量等特点。在位移、加速度、振动、压力、压差、液位等领域得到广泛应用。

电容式传感器是以不同类型的电容器作为传感元件,并通过电容传感元件把被测物理量的变化转换成电容量的变化,然后再经转换电路转换成电压、电流或频率等信号输出的测量装置。

项目一　电容式传感器的工作原理和结构类型

学 习 任 务

(1)掌握电容式传感器的工作原理。

(2)掌握电容式传感器的结构类型,包括变极距式电容传感器、变面积式电容传感器、变介电常数式传感器。

相 关 理 论

用电测法测量非电学量时,首先必须将被测的非电学量转换为电学量而后输入之。通常把非电学量变换成电学量的元件称为变换器;根据不同非电学量的特点设计成的有关转换装置称为传感器,而被测的力学量(如位移、力、速度等)转换成电容变化的传感器称为电容传感器。

从能量转换的角度而言,电容变换器为无源变换器,需要将所测的力学量转换成电压或电流后进行放大和处理。力学量中的线位移、角位移、间隔、距离、厚度、拉伸、压缩、膨胀、变形等无不与长度有着密切联系的量;这些量又都是通过长度或者长度比值进行测量的量,而其测量方法的相互关系也很密切。另外,在有些条件下,这些力学量变化相当缓慢,而且变化范围极小,如果要求测量极小距离或位移时要有较高的分辨率,其他传感器很难做到实现高分辨率要求,在精密测量中所普遍使用的差动变压器传感器的分辨率仅达到 $1 \sim 5 \mu m$ 数量级;而有一种电容测微仪它的分辨率为 $0.01 \mu m$,比前者提高了两个数量级,最大量程为 $100 \pm 5 \mu m$,因此它在精密小位移测量中受到青睐。

一、电容式传感器的工作原理

用绝缘介质分开的两个平行金属板组成的电容器,其变量间的转换关系原理如图3-1-1所示。若忽略边缘效应,平行板电容器的电容量可以表示为

$$C=\frac{\varepsilon S}{d}=\frac{\varepsilon_0\varepsilon_r S}{d} \tag{3-1}$$

式中,ε,ε_0 为极板间介质和真空的介电常数($\varepsilon_0=8.85\times10^{-12}\,\text{F/m}$);$\varepsilon_r$ 为极板间介质的相对介电常数,对于空气介质 $\varepsilon_r\approx1$;S 为极板相互覆盖的面积;d 为极板间的距离。

当 S,d 或 ε 任意一个参数发生变化时,都会引起电容量 C 发生变化,从而完成了被测量到电容量的变换。实际测量时 S,d 或 ε3 个参数中的两个量保持不变,通过改变其中的一个量使电容量发生变换。因此电容式传感器可分为 3 种类型:变极距式电容传感器、变面积式传感器、变介电常数式传感器。

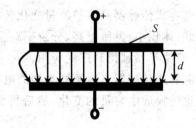

图 3-1-1　平板电容器

二、电容式传感器的结构类型

变极距式电容传感器一般用来测量微小位移,变面积式传感器则用来测量角位移或较大的线位移,变介电常数式传感器常用来测量介质的厚度、位置、液位以及成分含量等。

1. 变极距式电容传感器

变极距式电容传感器的原理图如图 3-1-2 所示。下极板固定不动,当上极板随被测量的变化上下移动时,两极板间的距离 d 相应变化,从而电容量发生变化

若式(3-1)中参数表达式为 A,d 不变,初始间距为 d_0 时,可知初始电容量 C_0 为 $C_0=\varepsilon S/d_0$,若电容器极板间距离由初始值 d_0 减小了 Δd 时,电容量增加了 ΔC,则有

$$\Delta C=C-C_0=C_0\,\frac{\Delta d/d_0}{1-\Delta d/d_0} \tag{3-2}$$

由式(3-2)可以看出,在 d_0 较小时,同样的 Δd 引起的 ΔC 则增大,从而使传感器的灵敏度提高。但 d_0 过小,容易引起电容器击穿或短路。为此,极板间可采用高介电常数的材料(云母、塑料膜等)作介质,如图 3-1-3 所示,此时电容量 C 变为

$$C=\frac{S}{\dfrac{d_g}{\varepsilon_0\varepsilon_g}+\dfrac{d_0}{\varepsilon_0}} \tag{3-3}$$

式中,ε_g 为固体介质的相对介电常数(云母 $\varepsilon_g=7$);d_g,d_0 为固体介质和空气隙的厚度。

云母的相对介电常数是空气的 7 倍,其击穿电压大于 1 000 kV/mm,而空气的击穿电压仅为 3 kV/mm。因此极板间加入云母介质后,电容器既不容易击穿,又可减少初始间距 d_0。

因此,变极距式电容传感器既要提高灵敏度,又要减小非线性误差,可采用差动法解决;既要提高灵敏度,又不使极板介质击穿,可在两极板间加固定介质。

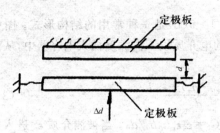

图 3-1-2　变极距式电容传感器

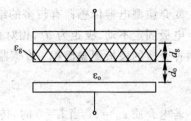

图 3-1-3　放置固体介质的电容器

2.变面积式传感器

变面积式电容传感器结构形式如图 3-1-4,当两极板完全重叠时,其电容量 $C_0 = \varepsilon ab/d$。当动极板移动 Δx 时,两极板重叠面积减小,电容量也将减小,如果忽略边缘效应,可得传感器的特性方程为

$$C = C_0 - \Delta C = \frac{\varepsilon b(a - \Delta x)}{d} = C_0 - \frac{\varepsilon b}{d}\Delta x \tag{3-4}$$

式中,a, b 为极板的宽度和长度;Δx 为电容可动极板长度变化量。

电容的变化量为 $\Delta C = C_0 - C = \varepsilon b \Delta x/d$,电容传感器的灵敏度为 $S = \Delta C/\Delta x = \varepsilon b/d$。

变面积式电容传感器的输出特性是线性的,适合测量较大的位移,其灵敏度为常数,增大面积长度 b,减小极板间距离 d,选取高介电常数 ε 的介质,都可使灵敏度提高。虽然极板宽度 a 的大小不影响灵敏度,但也不能太小,否则边缘电场影响增加,将产生非线性误差。

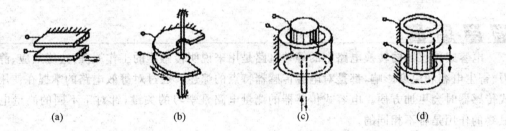

(a)　　　　　　(b)　　　　　　(c)　　　　　　(d)

图 3-1-4　变面积式电容传感器

3.变介电常数式传感器

变介电常数式传感器结构形式如图 3-1-5 所示。

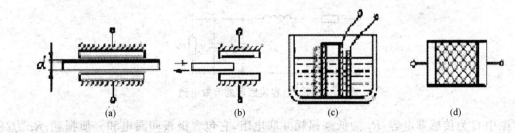

(a)　　　　　　(b)　　　　　　(c)　　　　　　(d)

图 3-1-5　变介电常数式传感器

这种传感器大多用来测量电介质的厚度(图 3-1-5(a))、位移(图 3-1-5(b))、液位(图 3-1-5(c)),还可根据极间介质的介电常数随温度、湿度改变而改变来测量温度、湿度(图

3-1-5(d))等。

变介质型电容传感器有较多的结构形式,图3-1-5(b)是一种常用的结构形式。图中两平行电极固定不动,极距为 d_0,相对介电常数为 ε_{r2} 的电介质以不同深度插入电容器中,从而改变两种介质的极板覆盖面积。传感器总电容量 C 为

$$C = C_1 + C_2 = \varepsilon_0 b_0 \frac{\varepsilon_{r1}(L_0 - L) + \varepsilon_{r2}L}{d_0} \tag{3-5}$$

若电介质 $\varepsilon_{r1} = 1$,当 $L = 0$ 时,传感器初始电容 $C_0 = \varepsilon_0 \varepsilon_r L_0 b_0 / d_0$。当被测介质 ε_{r2} 进入极板间 L 深度后,引起电容相对变化量为 $\Delta C/C_0 = (\varepsilon_{r2} - 1)L/L_0$。可见,电容量的变化与电介质的移动量成线性关系。

项目二　电容式传感器的转换电路及测量电路

学 习 任 务

(1)了解电容式传感器的转换电路,包括电容器的等效电路、边缘效应、静电引力、寄生电容(驱动电缆法、整体屏蔽法、采用组合式与集成技术)和温度影响。

(2)掌握电容式传感器的测量电路,其中包括调频测量、二极管双T形交流电桥、脉冲调宽电路。

相 关 理 论

电容式传感器的转换电路中的等效电路是用来说明传感器的工作原理,边缘效应、静电引力、寄生电容和温度影响,都是对电容传感器特点的综述。通过对等效电路的掌握在使用电容式传感器时会更加方便。电容式传感器的测量电路是学习的关键,针对于不同的测量电路其最终的作用是各不相同的。

一、电容式传感器的转换电路

1.电容式传感器的等效电路

电容式传感器的等效电路如图3-2-1所示

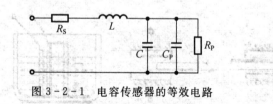

图3-2-1　电容传感器的等效电路

图中 C 为传感器电容,R_p 为低频损耗并联电阻,它包含极板间漏电和介质损耗;R_s 为高湿、高温、高频激励工作时的串联损耗电组,它包含导线、极板间和金属支座等损耗电阻;L 为电容器及引线电感;C_p 为寄生电容,克服其影响,是提高电容式传感器实用性能的关键之一。

可见,在实际应用中,特别在高频激励时,尤需考虑 L 的存在,会使传感器有效电容变化,从而引起传感器有效灵敏度的改变。在这种情况下,每当改变 $S_e=/(1-\omega^2LC)^2$ 在这种情况下,每当改变激励频率或者更换传输电缆时都必须对测量系统重新进行标定。

$$C_e=\frac{C}{1-\omega^2LC} \qquad (3-6)$$

2.边缘效应

以上分析各种电容式传感器时还忽略了边缘效应的影响。实际上当极板厚度 h 与极距 δ 之比相对较大时,边缘效应的影响就不能忽略。这时,对极板半径为的变极距式电容传感器,其电容值应按下式计算:

$$C=\varepsilon_0\varepsilon_r\left\{\frac{\pi r^2}{\delta}+r\left[\ln\frac{16\pi r}{\delta}+1+f\left(\frac{h}{\delta}\right)\right]\right\} \qquad (3-7)$$

边缘效应不仅使电容传感器的灵敏度降低,而且产生非线性。为了消除边缘效应的影响,可以采用带有保护环的结构,如图 3-2-2 所示。保护环与定极板同心、电气上绝缘且间隙越小越好,同时始终保持等电位,以保证中间工作区得到均匀的场强分布,从而克服边缘效应的影响。为减小极板厚度,往往不用整块金属板做极板,而用石英或陶瓷等非金属材料,蒸涂一薄层金属作为极板。

3.静电引力

电容式传感器两极板间因存在静电场,而作用有静电引力或力矩。静电引力的大小与极板间的工作电压、介电常数、极间距离有关。通常这种静电引力很小,但在采用推动力很小的弹性敏感元件情况下,须考虑因静电引力造成的测量误差。

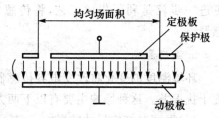

图 3-2-2　带有保护环的电容
式传感器结构

4.寄生电容

电容式传感器由于受结构与尺寸的限制,其电容量都很小(数 pF 到数 10pF),属于小功率、高阻抗器件,因此极易受外界干扰,尤其是受大于它数倍、数 10 倍的、且具有随机性的电缆寄生电容的干扰,它与传感器电容相并联如图 3-2-1 所示,严重影响感器的输出特性,甚至会淹没有用信号而不能使用。消灭寄生电容影响,是电容式传感器实用的关键。

(1)驱动电缆法。它实际上是一种等电位屏蔽法。如图 3-2-3 所示:在电容传感器与测量电路的前置级之间采用双层屏蔽电缆,并接入增益为 1 的驱动放大器。这种接线法使内屏蔽与芯线等电位,消除了芯线对内屏蔽的容性漏电,克服了寄生电容的影响;而内、外层屏蔽之间的电容变成了驱动放大器的负载。因此驱动放大器是一个输入阻抗很高,具有容性负载、放大倍数为 1 的同相放大器。该方法的难处是,要在很宽的频带上严格实现放大倍数等于 1,且输出与输入的相移为零。为此有人提出,用运算放大器驱动法取代上述方法 。

(2)整体屏蔽法。以差动电容传感器 C_{xm},C_{x2} 配用电桥测量电路为例,如图 3-2-4 所示;U 为电源电压,A 为不平衡电桥的指示放大器。所谓整体屏蔽是将整个电桥(包括电源、电缆等)统一屏蔽起来;其关键在于正确选取接地点。本例中接地点选在两平衡电阻 R,R_4 桥臂中间,与整体屏蔽共地。

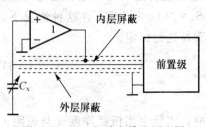

图 3-2-3 驱动电缆法原理图

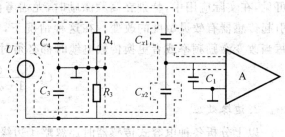

图 3-2-4 整体屏蔽法原理图

　　这样传感器公用极板与屏蔽之间的寄生电容 C_1 同测量放大器的输入阻抗相并联,从而可将 C_1 归算到放大器的输入电容中去。由于测量放大器的输入阻抗应具有极大的值,C_1 的并联也是不希望的,但它只是影响灵敏度而已。另两个寄生电容 C_3 及 C_4 是并在桥臂 R_3 及 R_4 上,这会影响电桥的初始平衡及总体灵敏度,但并不妨碍电桥的正确工作。因此寄生参数对传感器电容的影响基本上被消除。整体屏蔽法是一种较好的方法,但将使总体结构复杂化。

　　(3)采用组合式与集成技术。一种方法是将测量电路的前置级或全部装在紧靠传感器处,缩短电缆;另一种方法是采用超小型大规模集成电路,将全部测量电路组合在传感器壳体内;更进一步就是利用集成工艺,将传感器与调理等电路集成于同一芯片,构成集成电容式传感器。

　　5.温度影响

　　环境温度的变化将改变电容传感器的输出相对被测输入量的单值函数关系,从而引入温度干扰误差。这种影响主要有以下两方面。

　　(1)温度对结构尺寸的影响。电容式传感器由于极间隙很小而对结构尺寸的变化特别敏感。在传感器各零件材料线胀系数不匹配的情况下,温度变化将导致极间隙较大的相对变化,从而产生很大的温度误差。在设计电容式传感器时,适当选择材料及有关结构参数,可以满足温度误差补偿要求。

　　(2)温度对介质的影响。温度对介电常数的影响随介质不同而异,空气及云母的介电常数温度系数近似为零;而某些液体介质,如硅油、蓖麻油、煤油等,其介电常数的温度系数较大。例如煤油的介电常数的温度系数可达 $0.07\%/℃$;若环境温度变化 $\pm50℃$,则将带来 7% 的温度误差,故采用此类介质时必须注意温度变化造成的误差。

二、电容式传感器的测量电路

　　1.调频测量电路

　　把电容式传感器作为振荡器谐振回路的一部分,当输入量导致电容量发生变化时,振荡器的振荡频率就发生变化。

　　可将频率作为输出量用以判断被测非电量的大小,但此时系统是非线性的,不易校正,因此必须加入鉴频器,将频率的变化转换为电压振幅的变化,经过放大就可以用仪器指示或记录仪记录下来。如图 3-2-5 所示,图中调频振荡器的振荡频率为

$$f=\frac{1}{2\pi\sqrt{LC}}$$

(3-8)

式中,C 为振荡回路的总电容,$C=C_1+C_2+C_x$,其中 C_1 为振荡回路的固有电容,C_2 为传感器引线分布电容,$C_x=C_0\pm\Delta C$ 为传感器的电容。

图 3-2-5　调频式测量电路原理框图

当被测信号为 0 时,$\Delta C=0$,则 $C=C_1+C_2+C_0$,所以振荡器有一个固有频率 f_0,其表达式为 $f_0=1/\left[2\pi\sqrt{(C_1+C_2+C_0)L}\right]$;当被测信号不为 0 时,$\Delta C\neq 0$,振荡器频率有相应变化,此时频率为

$$f=\frac{1}{2\pi\sqrt{(C_1+C_2+C_0\pm\Delta C)L}}=f_0\pm\Delta f \qquad (3-9)$$

调频电容式传感器测量电路具有较高的灵敏度,可以测量高至 $0.01\mu m$ 级位移变化量。信号的输出频率易于用数字仪器测量,并与计算机通讯,抗干扰能力强,可以发送、接收,以达到遥测遥控的目的。

2. 二极管双 T 形交流电桥

二极管双 T 形交流电桥如图 3-2-6 所示。

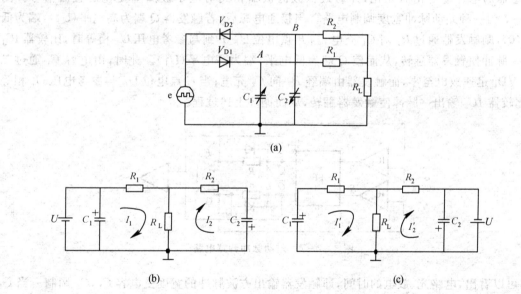

(a)

(b)　　　　　　　　　　　　(c)

图 3-2-6　二极管双 T 形交流电桥

e 是高频电源,它提供了幅值为 U 的对称方波,V_{D1},V_{D2} 为特性完全相同的两只二极管,固定电阻 $R_1=R_2=R$,C_1,C_2 为传感器的两个差动电容,当传感器没有输入时,$C_1=C_2$。

电路工作原理:当为正半周时,二极管 V_{D1} 导通、V_{D2} 截止,于是电容 C_1 充电,其等效电路如图 3-2-6(b)所示;在随后负半周出现时,电容 C_1 上的电荷通过电阻 R_1,负载电阻 R_L 放电,流过 R_L 的电流为 I_1。

当 e 为负半周时,V_{D2} 导通、V_{D2} 截止,则电容充电,其等效电路如图 3-2-6(c)所示;在随后出现正半周时,C_2 通过电阻 R_2,负载电阻 R_L 放电,流过 R_L 的电流为 I_2。

电流 $I_1 = I_2$,且方向相反,在一个周期内流过 R_L 的平均电流为零。若传感器输入不为 0,则 $C_1 \neq C_2$,$I_1 \neq I_2$,此时在一个周期内通过 R_L 上的平均电流不为零,因此产生输出电压,输出电压在一个周期内平均值为

$$U_o = I_L R_L = \frac{1}{T} \int_0^T [I_1(t) - I_2(t)] \mathrm{d}t R_L \approx \frac{R(R+2R_L)}{(R+R_L)} \cdot R_L U f(C_1 - C_2) \quad (3-10)$$

式中,f 为电源频率。当 R_L 已知,则式(3-10)可改写为 $U_o = U f M(C_1 - C_2)$,其中,$M = \left[\frac{R(R+2R_L)}{(R+R_L)^2}\right] R_L$。从式中可知,输出电压 U_O 不仅与电源电压幅值和频率有关,而且与 T 形网络中的电容 C_1 和 C_2 的差值有关。当电源电压确定后,输出电压 U_O 是电容 C_2 和 C_2 的函数。

电路的灵敏度与电源电压幅值和频率有关,故输入电源要求稳定。当 U 幅值较高,使二极管,V_{D1},V_{D2} 工作在线性区域时,测量的非线性误差很小。电路的输出阻抗与电容 C_1 和 C_2 无关,而仅与 R_1、R_2 及 R_L 有关,约为 $1 \sim 100 \text{ k}\Omega$。输出信号的上升沿时间取决于负载电阻。对于 $1 \text{ k}\Omega$ 的负载电阻上升时间为 $20 \text{ } \mu\text{s}$ 左右,故可用来测量高速的机械运动。

3. 脉冲调宽电路

脉冲宽度调制电路的原理是利用对传感器电容的充、放电,使电路输出脉冲的宽度随电容式传感器的电容量变化而变化,并通过低频滤波器得到对应于被测量变化的直流信号。图 3-2-7 为一种差动脉冲宽度调制电路。当接通电源后,若触发器 Q 端为高电平(U_1),端为低电平(0),则触发器通过 R_1 对 C_1 充电;当 F 点电位 U_F 升到与参考电压 U_r 相等时,比较器 IC_1 产生一脉冲使触发器翻转,从而使 Q 端为低电平,端为高电平(U_1)。此时,由电容 C_1 通过二极管 VD_1 迅速放电至零,而触发器由端经 R_2 向 C_2 充电;当 G 点电位 U_G 与参考电压 U_r 相等时,比较器 IC_2 输出一脉冲使触发器翻转,从而循环上述过程。

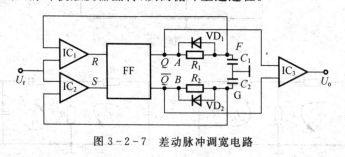

图 3-2-7　差动脉冲调宽电路

可以看出,电路充、放电的时间,即触发器输出方波脉冲的宽度受电容 C_1,C_2 调制。当 $C_1 = C_2$ 时,各点的电压波形如图 3-2-8(a)所示,Q 和 $\overline{Q}$ 两端电平的脉冲宽度相等,两端间的平均电压为零。

当 $C_1 > C_2$ 时,各点的电压波形如图 3-2-8(b)所示,Q 和 $\overline{Q}$ 两端间的平均电压为 $U_0 = \frac{T_1 - T_2}{T_1 + T_2} U_1 = \frac{C_1 - C_2}{C_1 + C_2} U_1$,式中 T_1 和 T_2 分别为 Q 端和 $\overline{Q}$ 端输出方波脉冲的宽度,亦即 C_1 和 C_2 的充电时间。

当该电路用于差动式变极距型电容传感器时,有

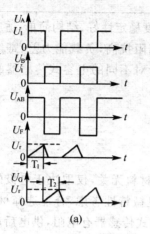 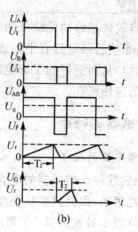

(a)　　　　　　　　　(b)

图 3-2-8　各点电压波形图

$$U_0 = \frac{\Delta\delta}{\delta_0}U_1 \qquad\qquad (3-11)$$

这种电路只采用直流电源,无需振荡器,要求直流电源地电压稳定度较高,但比高稳定度地稳频稳幅交流电源易于做到。用于差动式变面积型电容传感器时有 $U_0 = \frac{\Delta A}{A}U_1$。

 知识链接

脉冲宽度调制电路具有如下特点:

(1)无论是对变面积型还是变极距型,均可获得比较好的线性输出。

(2)双稳态的输出信号一般为 100Hz～1MHz 的矩形波,因此只需要经滤波器简单处理后即可获得直流输出,不需要专门的解调器,且效率比较高。

(3)电路采用直流电源。虽然直流电源的电压稳定性要求较高,但与高稳定度的稳频、稳幅交流电源相比,还是容易实现的。

项目三　电容式传感器的特点及作用

学习任务

(1)掌握电容传感器的特点,其中包括优点和缺点。

(2)掌握电容传感器的作用,主要介绍了电容式位移传感器、差动式电容测厚传感器、电容式加速度传感器、容栅式传感器。

相 关 理 论

通过对电容式传感器的优缺点的分析)优点有温度稳定性好、结构简单,适应性强、动态响应好、可以实现非接触测量具有平均效应;缺点有输出阻抗高、负载能力差、寄生电容影响大、输出特性非线性),从而更好的了解电容式传感器。针对不同的电容式传感器的介绍,体现了电容式传感器的应用所在。

一、电容式传感器的特点

1. 电容式传感器的优点

(1)温度稳定性好。传感器的电容值一般与电极材料无关,仅取决于电极的几何尺寸,且空气等介质损耗很小,因此只要从强度、温度系数等机械特性考虑,合理选择材料和几何尺寸即可,其他因素(因本身发热极小)影响甚微。而电阻式传感器有电阻,供电后产生热量;电感式传感器存在铜损、涡流损耗等,引起本身发热产生零漂。

(2)结构简单,适应性强。电容式传感器结构简单,易于制造;能在高低温、强辐射及强磁场等各种恶劣的环境条件下工作,适应能力强,尤其可以承受很大的温度变化,在高压力、高冲击、过载等情况下都能正常工作,能测超高压和低压差,也能对带磁工件进行测量。此外传感器可以做得体积很小,以便实现某些特殊要求的测量。

(3)动态响应好。电容式传感器由于带电极板间的静电引力很小(约几个 $10\sim5N$),需要的作用能量极小,又由于它的可动部分可以做得很小很薄,即质量很轻,因此其固有频率很高,动态响应时间短,能在几兆 Hz 的频率下工作,特别适用于动态测量。且其介质损耗小可以用较高频率供电,因此系统工作频率高;可用于测量高速变化的参数。

(4)可以实现非接触测量、具有平均效应。当被测件不能允许采用接触测量的情况下,电容传感器可以完成测量任务。例如非接触测量回转轴的振动或偏心率、小型滚珠轴承的径向间隙等。当采用非接触测量时,电容式传感器具有平均效应,可以减小工件表面粗糙度等对测量的影响。

电容式传感器除了上述的优点外,还因其带电极板间的静电引力很小,所需输入力和输入能量极小,因而可测极低的压力、力和很小的加速度、位移等,可以做得很灵敏,分辨力高,能敏感 $0.01\mu m$ 甚至更小的位移;由于其空气等介质损耗小,采用差动结构并接成电桥式时产生的零残极小,因此允许电路进行高倍率放大,使仪器具有很高的灵敏度。

2. 电容式传感器的缺点

(1)输出阻抗高,负载能力差。电容式传感器的容量受其电极的几何尺寸等限制,一般为数 10 到数百 pF,其值只有几个 pF,使 传感器的输出阻抗很高,尤其当采用音频范围内的交流电源时,输出阻抗高达 $10^6\sim10^8\Omega$。因此传感器的负载能力很差,易受外界干扰影响而产生不稳定现象,严重时甚至无法工作,必须采取屏蔽措施,从而给设计和使用带来极大的不便。容抗大还要求传感器绝缘部分的电阻值极高(数 10MΩ 以上),否则绝缘部分将作为旁路电阻而影响仪器的性能(如灵敏度降低),为此还要特别注意周围的环境如湿度、清洁度等。

若采用高频供电,可降低传感器输出阻抗,但高频放大、传输远比低频的复杂,且寄生电容影响大,不易保证工作十分稳定。

(2)寄生电容影响大。电容式传感器的初始电容量小,而连接传感器和电子线路的引线电缆电容(1~2m 导线可达 800pF)、电子线路的杂散电容以及传感器内极板于其周围导体构成的电容等所谓"寄生电容"却较大,不仅降低了传感器的灵敏度,而且这些电容(如电缆电容)常常是随机变化的,将使仪器工作很不稳定,影响测量精度。因此对电缆的选择、安装、接法都有要求。

(3)输出特性非线性。变极距型电容传感器的输出特性是非线性的,虽可采用差动结构来改善,但不可能完全消除。其他类型的电容传感器只有忽略了电场的边缘效应时,输出特性才呈线性。否则边缘效应所产生的附加电容量将与传感器电容量直接叠加,使输出特性非线性。

二、电式传感容器的作用

1.电容式位移传感器

图 3-3-1 所示为一种变面积型电容式位移传感器。它采用差动式结构、圆柱形电极,与测杆相连的动电极随被测位移而轴向移动,从而改变活动电极与两个固定电极之间的覆盖面积,使电容发生变化。它用于接触式测量,电容与位移呈线性关系。

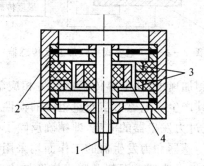

图 3-3-1　电容式位移传感器
1-测杆;2-开槽簧片;3-固定电极;4-活动电极

2.差动式电容测厚传感器

电容测厚传感器是用来对金属带材在轧制过程中厚度的检测,其工作原理是在被测带材的上下两侧各置放一块面积相等,与带材距离相等的极板,这样极板与带材就构成了两个电容器 C_1、C_2。把两块极板用导线连接起来成为一个极,而带材就是电容的另一个极,其总电容为 C_1+C_2,如果带材的厚度发生变化,将引起电容量的变化,用交流电桥将电容的变化测出来,经过放大即可由电表指示测量结果。

电容测厚仪的结构比较简单,信号输出的线性度好,分辨力比较高,因此在自动化厚度检测中应用比较广泛,如图 3-3-2 所示。

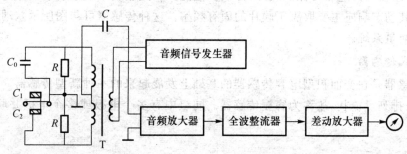

图 3-3-2　差动式电容测厚仪系统组成框图

3. 电容式加速度传感器

图 3-3-3 所示为电容式传感器及由其构成的力平衡式挠性加速度计。敏感加速度的质量组件由石英动极板及力发生器线圈组成;并由石英挠性梁弹性支撑,其稳定性极高。固定于壳体的两个石英定极板与动极板构成差动结构;两极面均镀金属膜形成电极。由两组对称 E 形磁路与线圈构成的永磁动圈式力发生器,互为推挽结构,这大大提高了磁路的利用率和抗干扰性。

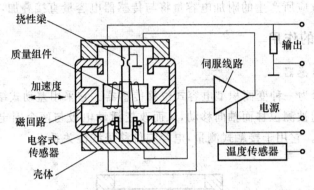

图 3-3-3 电容式挠性加速度传感器

工作时,质量组件敏感被测加速度,使电容传感器产生相应输出,经测量(伺服)电路转换成比例电流输入力发生器,使其产生一电磁力与质量组件的惯性力精确平衡,迫使质量组件随被加速的载体而运动;此时,流过力发生器的电流,即精确反映了被测加速度值。

在这种加速度传感器中,传感器和力发生器的工作面均采用微气隙"压膜阻尼",使它比通常的油阻尼具有更好的动态特性。典型的石英电容式挠性加速度传感器的量程为 $0\sim150 m/s^2$,分辨力为 $1\times10^{-5} m/s^2$,非线性误差和不重复性误差均不大于 0.03%F.S.。

4. 电容压力传感器

图 3-3-4 所示为大吨位电子吊秤用电容式称重传感器。扁环形弹性元件内腔上下平面上分别固连电容传感器的定极板和动极板。称重时,弹性元件受力变形,使动极板位移,导致传感器电容量变化,从而引起由该电容组成的振荡频率变化。频率信号经计数、编码,传输到显示部分。

图 3-3-5 为一种典型的小型电容式压差传感器结构。加有预张力的不锈钢膜片作为感压敏感元件,同时作为可变电容的活动极板。电容的两个固定极板是在玻璃基片上镀有金属层的球面极片。在压差作用下,膜片凹向压力小的一面,导致电容量发生变化。球面极片(图中被夸大)可以在压力过载时保护膜片,并改善性能。其灵敏度取决于初始间隙,间隙越小,灵敏度越高。其动态响应主要取决于膜片的固有频率。这种传感器可与图所示差动脉冲调宽电路相联构成测量系统。

5. 容栅式传感器

容栅传感器是在变面积型电容传感器的基础上发展起来的一种新型传感器。它的电极不止一对,电极排列呈梳状,故称为容栅传感器。同组中有多个电极或多个电极并联,极大地提高了灵敏度。

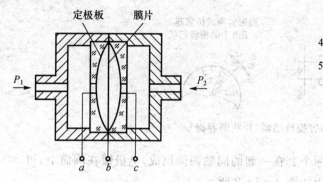

图 3-3-4 电容式称重传感器

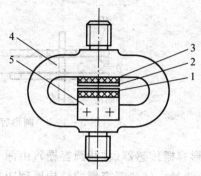

图 3-3-5 电容式压差传感器

1—动极板；2—定极板；3—绝缘材料；

4—弹性体；5—极板支架

容栅传感器可实现直线位移和角位移的测量，根据结构形式，容栅传感器可分为长容栅、片状圆容栅、柱状圆容栅三类

(1)直线形容栅传感器(长容栅，如图 3-3-6)。表达式为

$$C_{\max} = n\frac{\varepsilon ab}{\delta} \tag{3-12}$$

式中，n 为 动极板的栅极片数；a,b 为栅极片的长度和宽度。

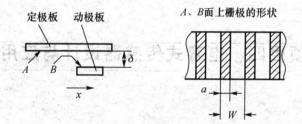

图 3-3-6 长容栅结构原理图

容栅传感器的最小电容量理论上为零，实际上为固定电容 C_0。当动尺沿方向平行于定尺不断移动时，每对电容的相对遮盖长度 a 将由大到小，由小到大地周期性变化，电容量值也随之相应周期变化，如图 3-3-7 所示，经电路处理后，则可测得线位移值。

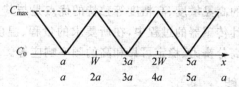

图 3-3-7 电容量值的周期变化

(2)圆形容栅传感器(片状圆容栅)，如图 3-3-8 所示。最大电容为

$$C_{\max} = n\frac{\varepsilon\alpha(r_2^2 - r_1^2)}{2\delta} \tag{3-13}$$

式中，r_1,r_2 为圆盘上栅极片的内半径和外半径；α 为每条栅极片对应的圆心角。

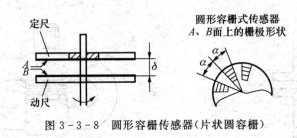

图 3-3-8　圆形容栅传感器（片状圆容栅）

(3)筒形容栅传感器（柱状圆容栅），由两个套在一起的同轴圆筒组成，电极镀在圆筒上，可实现长度的测量。柱状圆容栅的结构原理图如图 3-3-9 所示。

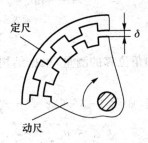

图 3-3-9　筒形容栅传感器（柱状圆容栅）

项目四　电容式传感器设计与应用

学 习 任 务

了解电容式传感器设计与应用中存在的问题，有绝缘材料的绝缘性能、消除和减小边缘效应、消除和减小寄生电容的影响。

相 关 理 论

电容式传感器所具有的高灵敏度、高精度等独特的优点是与其正确设计、选材以及精细的加工工艺分不开的。在设计传感器的过程中，在所要求的量程、温度和压力等范围内，应尽量使它具有低成本、高精度、高分辨力、稳定可靠和高的频率响应等。

一、绝缘材料的绝缘性能

温度变化使传感器内各零件的几何尺寸和相互位置及某些介质的介电常数发生改变，从而改变传感器的电容量，产生温度误差。湿度也影响某些介质的介电常数和绝缘电阻值。因此必须从选材、结构、加工工艺等方面来减小温度等误差。

电容式传感器的金属电极的材料以选用温度系数低的铁镍合金为好，但较难加工。也可采用在陶瓷或石英上喷镀金或银的工艺，这样电极可以做得极薄，对减小边缘效应极为有利。

传感器内电极表面不便经常清洗，应加以密封；用以防尘、防潮。可在电极表面镀以极薄的惰性金属(如铑等)层,代替密封件起保护作用,可防尘、防湿、防腐蚀,并在高温下可减少表面损耗、降低温度系数。

传感器内,电极的支架除要有一定的机械强度外还要有稳定的性能。因此选用温度系数小和几何尺寸长期稳定性好,并具有高绝缘电阻、低吸潮性和高表面电阻的材料。例如石英、云母、人造宝石及各种陶瓷等做支架。虽然这些材料较难加工,但性能远高于塑料、有机玻璃等。在温度不太高的环境下,聚四氟乙烯具有良好的绝缘性能,可以考虑选用。

尽量采用空气或云母等介电常数的温度系数近似为零的电介质(也不受湿度变化的影响)作为电容式传感器的电介质。若用某些液体如硅油、煤油等作为电介质,当环境温度、湿度变化时,它们的介电常数随之改变,产生误差。这种误差虽可用后接的电子电路加以补偿,但无法完全消除。

在可能的情况下,传感器内尽量采用差动对称结构,这样可以通过某些类型的测量电路(如电桥)来减小温度等误差。选用50kHz至几MHz作为电容传感器的电源频率,以降低对传感器绝缘部分的绝缘要求。

传感器内所有的零件应先进行清洗、烘干后再装配。传感器要密封以防止水分侵入内部而引起电容值变化和绝缘性能下降。壳体的刚性要好,以免安装时变形。

二、消除和减小边缘效应

适当减小极间距,使电极直径或边长与间距比增大,可减小边缘效应的影响,但易产生击穿并有可能限制测量范围。电极应做得极薄使之与极间距相比很小,这样也可减小边缘电场的影响。可在结构上增设等位环来消除边缘效应。边缘效应引起的非线性与变极距型电容式传感器原理上的非线性恰好相反,在一定程度上起了补偿作用。

三、消除和减小寄生电容的影响

寄生电容与传感器电容相并联,影响传感器灵敏度,而它的变化则为虚假信号影响仪器的精度,必须消除和减小它。

(1)采用减小极片或极筒间的间距(平板式间距为0.2~0.5mm,圆筒式间距为0.15mm),增加工作面积或工作长度来增加原始电容值,但受加工及装配工艺、精度、示值范围、击穿电压、结构等限制。一般电容值变化在10^{-3}~10^6pF范围内,相对值变化在10^6~1范围内。

(2)集成化。将传感器与测量电路本身或其前置级装在一个壳体内,省去传感器的电缆引线。这样,寄生电容大为减小而且易固定不变,使仪器工作稳定。但这种传感器因电子元件的特点而不能在高、低温或环境差的场合使用。

(3)"驱动电缆"(双层屏蔽等位传输)技术。当电容式传感器的电容值很小,而因某些原因(如环境温度较高),测量电路只能与传感器分开时,可采用"驱动电缆"技术。采用这种技术可使电缆线长达10m之远也不影响仪器的性能。传感器与测量电路前置级间的引线为双屏蔽层电缆,其内屏蔽层与信号传输线(即电缆芯线)通过增益为1的放大器成为等电位,从而消除了芯线与内屏蔽层之间的电容。由于屏蔽线上有随传感器输出信号变化而变化的电压,因此称为"驱动电缆"。

外屏蔽层接大地或接仪器地,用来防止外界电场的干扰。当电容式传感器的初始电容值很大(数百 μF)时,只要选择适当的接地点仍可采用一般的同轴屏蔽电缆,电缆可以长达 10m,仪器仍能正常工作。内外屏蔽层之间的电容是 1∶1 放大器的负载。1∶1 放大器是一个输入阻抗要求很高、具有容性负载、放大倍数为1(准确度要求达 1/10000)的同相(要求相移为零)放大器。因此"驱动电缆"技术对 1∶1 放大器要求很高,电路复杂,但能保证电容式传感器的电容值小于 1pF 时,也能正常工作。

(4) 运算放大器法。利用运算放大器的虚地减小引线电缆寄生电容 C_p。电容传感器的一个电极经电缆芯线接运算放大器的虚地 Σ点,电缆的屏蔽层接仪器地,这时与传感器电容相并联的为等效电缆电容 $C_p(1+A)$,大大减小了电缆电容的影响。外界干扰因屏蔽层接仪器地,对芯线不起作用。传感器的另一电极接大地,用来防止外电场的干扰。若采用双屏蔽层电缆,其外屏蔽层接大地,干扰影响就更小。实际上,这是一种不完全的电缆"驱动技术",结构较简单。开环放大倍数越大,精度越高。选择足够大的 A 值可保证所需的测量精度。

(5) 整体屏蔽法。将电容式传感器和所采用的转换电路、传输电缆等用同一个屏蔽壳屏蔽起来,正确选取接地点可减小寄生电容的影响和防止外界的干扰。

如图 3-4-1所示,C_1 和 C_2 构成差动电容传感器,与平衡电阻 Z_1 和 Z_2 组成测量电桥,C_{p1} 和 C_{p2} 为寄生电容屏蔽层接地点选择在两平衡电阻阻抗臂 Z_1 和 Z_2 中间,使电缆芯线与其屏蔽层之间的寄生电容 C_{p1} 和 C_{p2} 分别与 Z_1 和 Z_2 相并联。如果 Z_1 和 Z_2 比 C_{p1} 和 C_{p2} 的容抗小得多,则寄生电容 C_{p1} 和 C_{p2} 对电桥平衡状态的影响就很小。最易满足上述要求的是变压器电桥。

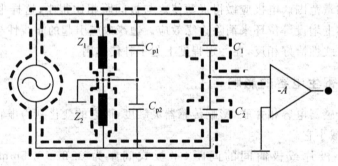

图 3-4-1　交流电桥的整体屏蔽

Z_1 和 Z_2 是具有中心抽头并相互紧密耦合的两个电感线圈,流过 Z_1 和 Z_2 的电流大小基本相等但方向相反。因 Z_1 和 Z_2 在结构上完全对称,所以线圈中的合成磁通近于零,Z_1 和 Z_2 仅为其绕组的铜电阻及漏感抗,它们都很小。结果寄生电容 C_{p1} 和 C_{p2} 对 Z_1 和 Z_2 的分路作用即可被削弱到很低的程度而不致影响交流电桥的平衡。

还可以再加一层屏蔽,所加外屏蔽层接地点则选在差动式电容传感器两电容 C_1 和 C_2 之间。这样进一步降低了外界电磁场的干扰,而内外屏蔽层之间的寄生电容等效作用在测量电路前置级,不影响电桥的平衡,因此在电缆线长达 10m 以上时仍能测出 1pF 的电容。

● 单 元 提 炼 ➤➤➤

电容式传感器是基于把被测非电物理量转换为电容量的原理进行测量的。电容传感器有3种类型:变极距型、变面积型和变介电常数型,其中极距型和介电常数型电容传感器为非线性,而变面积型是线性的,在实际使用中为提高传感器的线性度和抗干扰能力,增大灵敏度,常采用差动式结构。

电容式传感器常用的测量电路主要有调频电路、二极管双 T 形交流电桥、脉冲宽度调制电路,不同电路各有特点,适用不同参数测量的场合。

电容式传感器设计与应用中存在的问题绝缘材料的绝缘性能、消除和减小边缘效应、消除和减小寄生电容的影响、运算放大器法、防止和减小外界干扰等。这些问题得到解决电容式传感器的应用更加广泛。

本章主要讲解了电容式传感器的工作原理和结构类型、电容式传感器的转换电路及测量电路、电容式传感器的特点及作用以及设计与应用中存在的问题。

通过本章的学习对电容式传感器的工作原理要清晰明了,根据结构的不同应用的测量范围不同。对电容式传感器的测量电路及原理有整体的把握。会运用电容式传感器的特点选择相应的传感器并且在设计与应用中解决问题。

● 单元练习

3.1　简述电容传感器的工作原理和基本结构。

3.2　某电容传感器(平行极板电容器)的圆形极板半径 $r = 4$ mm,工作初始极板间距离 $\delta_0 = 0.3$ mm,介质为空气。问:

(1)如果极板间距离变化量 $\Delta\delta = \pm 1$ μm,电容的变化量是多少?

(2)如果测量电路的灵敏度 $k_1 = 100$ mv/pF,读数仪表的灵敏度 $k_2 = 5$ 格/mV 在 $\Delta\delta = \pm 1$ μm 时,读数仪表的变化量为多少?

3.3　简述电容式传感器的优缺点。

3.4　电容式传感器测量电路的作用是什么?

3.5　电容式传感器的测量电路有哪几种?试分析它们的工作原理及主要特点。

第四单元　电感式传感器

　　电感式传感器是建立在电磁感应的基础上,利用线圈自感或互感的改变来实现非电量的检测。它可以把输入物理量,如位移、振动、压力、流量、比重、力矩、应变等参数,转换为线圈的自感系数、互感系数的变化,再由测量电路转换为电流或电压的变化,实现非电量到电量转换的装置。因此,它能实现信息远距离传输、记录、显示和控制,在工业自动控制系统中被广泛采用。将非电量转换成自感系数变化的传感器通常称为自感式传感器(又称电感式传感器),而将非电量转换成互感系数变化的传感器通常称为互感式传感器(又称差动变压器式传感器)。

　　电感式传感器具有结构简单、工作可靠、抗干扰能力强、输出功率较大、分辨力较高(如在测量长度时一般可达 0.1)、示值误差一般为示值范围的 0.1%~0.5%,稳定性好等一系列优点,其主要缺点是灵敏度、线性度和测量范围相互制约,传感器自身频率响应低,不适用于快速动态测量。

项目一　自感式传感器

学习任务

　　(1)了解自感式传感器的结构及工作原理。

　　(2)理解自感式传感器测量电路。

　　(3)了解自感式传感器的应用。

相关理论

　　本项目简单介绍了自感式传感器的结构原理,测量电路及其应用。

一、自感式传感器结构及工作原理

　　自感式传感器是把被测量的变化转换成自感的变化,通过一定的转换电路转换成电压或电流输出。按磁路几何参数变化形式的不同,目前常用的自感式传感器有变气隙式、变截面积式和螺线管式三种。

　　图 4-1-1(a)是气隙式自感传感器的结构图。它由线圈、铁芯、衔铁三部分组成,在铁芯与衔铁之间有气隙,其厚度为 δ,被测量的运动部分与衔铁相连,当传感器的衔铁产生位移时,线圈的自感量 L 也会发生变化。

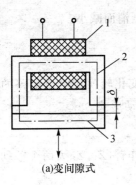 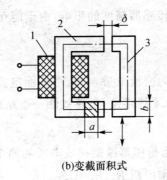 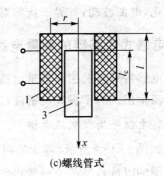

(a)变间隙式   (b)变截面积式   (c)螺线管式

图 4-1-1 自感式传感器的结构

1—线圈；2—铁芯；3—衔铁

若空气隙 δ 较小，且不考虑磁路的铁损，则线圈的自感量的计算式为

$$L = \frac{n^2}{\sum_{i=1}^{n} \frac{l_i}{\mu_i S_i} + \frac{2\delta}{\mu_0 S}} \qquad (4-1)$$

式中，n 为线圈匝数；μ_0 为真空磁导率，其值为 $4\pi \times 10^{-7} \text{H/m}$；$S$ 为空气隙磁通截面积；l_i 为各段导磁体的长度（磁通通过铁芯、衔铁的长度）；μ_i 为各段导磁体（铁芯、衔铁）的磁导率；S_i 为各段导磁体（铁芯、衔铁）的截面积。

因为导磁体的磁导率远大于空气磁导率，即气隙磁阻远大于铁芯和衔铁的磁阻，所以，线圈的自感为

$$L = \frac{n^2}{\frac{2\delta}{\mu_0 S}} = \frac{n^2 \mu_0 S}{2\delta} \qquad (4-2)$$

由式（4-2）可以看出，当线圈匝数一定时，电感量与空气隙厚度成反比，与空气隙相对截面积成正比。若 S 不变，δ 变化，则 L 为 δ 的单值函数，可构成变气隙式传感器，如图 4-1-1(a) 所示。若 δ 不变，S 变化，则可构成变截面积式传感器，如图 4-1-1(b) 所示。若线圈中放入圆柱形衔铁，则是一个可变自感，当衔铁上、下移动时，自感量将相应发生变化，这就构成了螺线管型自感传感器，如图 4-1-2(c) 所示。

上述自感传感器，虽然结构简单，运行方便，但也有缺点，如自线圈流往负载的电流不可能等于 0，衔铁永远受有吸力，线圈电阻受温度影响，有温度误差，不能反映被测量的变化方向等，因此在实际中应用较少，而常采用差动自感传感器。差动自感传感器对干扰、电磁吸力有一定补偿的作用，还能改善特性曲线的非线性。

两个完全相同的单个线圈的电感传感器共用一个活动衔铁就构成了差动电感传感器。测量时，衔铁通过导杆与被测位移量相连，当被测体上、下移动时，导杆带动衔铁也以相同的位移上、下移动，使磁回路中磁阻发生大小相等、方向相反的变化，导致一个线圈的电感量增加，另一个线圈的电感量减小，形成差动形式。

差动式与单线圈电感式传感器相比，具有下列优点：①线性好；②灵敏度提高一倍，即衔铁位移相同时，输出信号大一倍；③电磁吸力对测力变化的影响也由于能相互抵消而减小；④温

度变化,电源波动,外界干扰等对传感器精度的影响,由于能互相抵消而减小。

二、电感式传感器的测量电路

电感传感器的主要测量电路为交流电桥,它是将线圈电感的变化转换成电桥电路的电压或电流输出。为了提高灵敏度,改变线性度,电感线圈一般结成差动形式。

1. 电阻平衡臂交流电桥

如图4-1-2所示,差动的两个传感器线圈接成电桥的两个工作臂(Z_1,Z_2为两个差动传感器线圈的阻抗),另两个桥臂用平衡电阻R_1,R_2代替。

设初始时　　$Z_1 = Z_2 = Z = RS + j\omega L$；　$R_1 = R_2 = R$；$L_1 = L_2 = L_0$

工作时　　　　　　　　$Z_1 = Z + \Delta Z$ 和 $Z_2 = Z - \Delta Z$

对于高Q值($\theta = \omega L / R$)的差动式自感传感器,其输出电压为

$$\dot{U}_\circ = \frac{\dot{U}}{2} \frac{\Delta Z}{Z} = \frac{\dot{U}}{2} \frac{j\omega \Delta L}{R_0 + j\omega L_0} \approx \frac{\dot{U}}{2} \frac{\Delta L}{L_0} \tag{4-3}$$

可见,电桥输出电压与线圈电感的变化量成正比

2. 变压器交流电桥

变压器式交流电桥测量电路如图4-1-3所示,电桥两臂、为传感器线圈阻抗,另外两桥臂为交流变压器次级线圈的1/2阻抗。

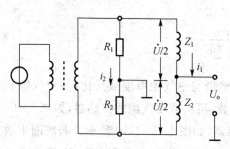

图4-1-2　电阻平衡臂交流电桥

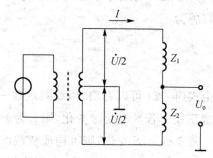

图4-1-3　变压器式交流电桥

当负截阻抗为无穷大时,桥路输出电压为

$$\dot{U}_\circ = \frac{Z_1 \dot{U}}{Z_1 + Z_2} - \frac{\dot{U}}{2} = \frac{Z_1 - Z_2}{Z_1 + Z_2} \frac{\dot{U}}{2} \tag{4-4}$$

当传感器衔铁下移时, $Z_1 = Z + \Delta Z$, $Z_2 = Z - \Delta Z$,此时

$$\dot{U}_\circ = \frac{\dot{U} \Delta Z}{2Z} \tag{4-5}$$

当传感器衔铁上移时,

$$\dot{U}_\circ = -\frac{\dot{U} \Delta Z}{2Z} \tag{4-6}$$

可见,当衔铁上移和下移时,输出电压的相位相反,并且输出电压随ΔL的变化也相应地

改变。因此,该电路可用于判别位移的大小和方向。

3．谐振式测量电路

谐振式测量电路可分为:谐振式调幅电路和谐振式调频电路。

调幅电路:传感器电感 L 与电容 C、变压器原边串联在一起,接入交流电源 U,变压器副边将有电压 $\dot{U}_\circ$ 输出,输出电压的频率与电源频率相同,而幅值随着电感 L 而变化,图 4-1-4(b) 为输出电压 $\dot{U}$ 与电感 L 的关系曲线,其中 $L_\circ$ 为谐振点的电感值。

其特点:此电路灵敏度很高,但线性差,适用于线性度要求不高的场合。

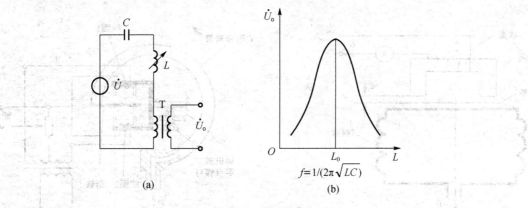

图 4-1-4　谐振式调幅电路

调频电路:是传感器电感 L 的变化将引起输出电压频率的变化。通常把传感器电感 L 和电容 C 接入一个振荡回路中,其振荡频率 $f=1/(2\pi\sqrt{LC})$。当 L 变化时,振荡频率随之变化,根据 f 的大小即可测出被测量的值。图 4-1-5(b) 表示 f 与 L 的关系曲线,它具有严重的非线性关系。

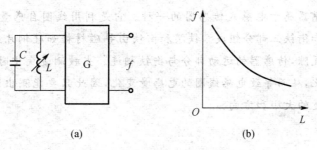

图 4-1-5　谐振式调频电路

三、电感式传感器的应用

图 4-1-6 所示是变隙电感式压力传感器的结构图。它由膜盒、铁芯、衔铁及线圈等组成,衔铁与膜盒的上端连在一起。

当压力进入膜盒时,膜盒的顶端在压力 p 的作用下产生与压力 p 大小成正比的位移。于是衔铁也发生移动，从而使气隙发生变化，流过线圈的电流也发生相应的变化，电流表指示值就反映了被测压力的大小。

　　图4-1-7为变隙式差动电感压力传感器。它主要由C形弹簧管、衔铁、铁芯和线圈等组成。当被测压力进入C形弹簧管时，C形弹簧管产生变形，其自由端发生位移，带动与自由端连接成一体的衔铁运动，使线圈1和线圈2中的电感发生大小相等、符号相反的变化。即一个电感量增大，另一个电感量减小。电感的这种变化通过电桥电路转换成电压输出。由于输出电压与被测压力之间成比例关系，所以只要用检测仪表测量出输出电压，即可得知被测压力的大小。

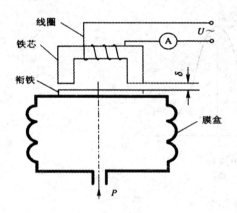

图4-1-6　变隙电感式压力传感器结构图

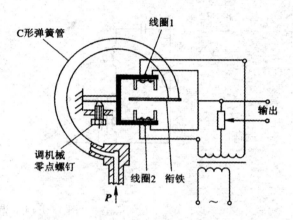

图4-1-7　变隙式差动电感电压传感器

 知识链接

　　自感式电感传感器属于电感式传感器的一种。它是利用线圈自感量的变化来实现测量的，它由线圈、铁芯和衔铁三部分组成。铁芯和衔铁由导磁材料如硅钢片或坡莫合金制成，在铁芯和衔铁之间有气隙，传感器的运动部分与衔铁相连。当被测量变化时，使衔铁产生位移，引起磁路中磁阻变化，从而导致电感线圈的电感量变化，因此只要能测出这种电感量的变化，就能确定衔铁位移量的大小和方向。

项目二　差动变压器式传感器

　　把被测的非电量变化转换为线圈互感变化的传感器称为互感式传感器。这种传感器是根据变压器的基本原理制成的，并且次级绕组用差动形式连接，故称差动变压器式传感器。差动变压器结构形式:变隙式、变面积式和螺线管式等。非电量测量中，应用最多的是螺线管式差动变压器,它可以测量 1~100mm 范围内的机械位移,并具有测量精度高,灵敏度高,结构简单,性能可靠等优点。

学习任务

(1)了解差动变压器式传感器的结构。

(2)理解差动变压器式传感器的工作原理。

(3)掌握差动变压器式传感器的测量电路。

(4)了解差动变压器式传感器的应用。

相关理论

本项目主要分析了差动变压器式传感器的结构、工作原理及其应用。

一、差动变压器式传感器结构及工作原理

螺线管式差动变压器结构如图 4-2-1 所示。

它由一个初级线圈,两个次级线圈和插入线圈中央的圆柱形铁芯等组成。

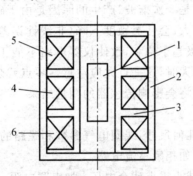

图 4-2-1 螺线管式差动变压器结构图

1—活动衔铁;2—导磁外壳;3—骨架;4—匝数为 W_1 的初级绕组;

5—匝数为 W_{2a} 的次级绕组;6—匝数为 W_{2b} 的次级绕组

当初级绕组 W_1 加以激励电压时,根据变压器的工作原理,在两个次级绕组 W_{2a} 和 W_{2b} 中便会产生感应电动势 E_{2a} 和 E_{2b}。如果工艺上保证变压器的结构完全对称,则当活动衔铁处于初始平衡位置时,必然会使两互感系数 $M_1=M_2$。根据电磁感应原理,将有 $E_{2a}=E_{2b}$。变压器两个次级绕组反向串联,因而 $E_{2a}-E_{2b}=0$,即差动变压器的输出电压为零。活动衔铁向上移动时,由于磁阻的影响,W_{2a} 中磁通将大于 W_{2b},使 $M_1>M_2$,因而 E_{2a} 增加,而 E_{2b} 减小;反之,E_{2b} 增加,E_{2a} 减小。因为差动变压器的输出电压为 $E_{2a}-E_{2b}$,所以当 E_{2a},E_{2b} 随着衔铁位移变化时,也必将随衔铁位移变化。因此,通过输出电压就可以知道衔铁位移的大小和方向,并能判断出被测物体的移动方向和移动量大小。

二、误差因素分析

1.激励电压幅值与频率的影响

激励电源电压幅值的波动,会使线圈激励磁场的磁通发生变化,直接影响输出电势。而频

率的波动,只要适当地选择频率,其影响不大。

2.温度变化的影响

周围环境温度的变化,引起线圈及导磁体磁导率的变化,从而使线圈磁场发生变化产生温度漂移。当线圈品质因数较低时,影响更为严重,因此,采用恒流源激励比恒压源激励有利。适当提高线圈品质因数并采用差动电桥可以减少温度的影响。

3.零点残余电压

当差动变压器的衔铁处于中间位置时,理想条件下其输出电压为零。实际上,当衔铁位于中心位置时,差动变压器输出电压并不等于零,我们把差动变压器在零位移时的输出电压称为零点残余电压。它的存在使传感器的输出特性不过零点,造成实际特性与理论特性不完全一致。

零点残余电压产生原因:主要是由传感器的两次级绕组的电气参数和几何尺寸不对称,以及磁性材料的非线性等引起的。

零点残余电压的波形十分复杂,主要由基波和高次谐波组成。基波产生的主要原因是:传感器的两次级绕组的电气参数和几何尺寸不对称,导致它们产生的感应电势的幅值不等、相位不同,因此不论怎样调整衔铁位置,两线圈中感应电势都不能完全抵消。

高次谐波中起主要作用的是3次谐波,产生的原因是由于磁性材料磁化曲线的非线性(磁饱和、磁滞)。零点残余电压过大,会使灵敏度下降,非线性误差增大,不同档位的放大倍数有显著差别,甚至造成放大器末级趋于饱和,致使仪器电路不能正常工作,甚至不再反映被测量的变化。在仪器的放大倍数较大时,这一点尤应注意。零点残余电压一般在几十毫伏以下,在实际使用时,应设法减小,否则将会影响传感器的测量结果。

消除方法:

(1)尽可能保证传感器的几何尺寸,线圈电气参数和磁路的对称。

(2)采用适当的测量电路,如相敏整流电路。

(3)采用适当的补偿电路减小零点残余电压。加串联电阻,加并联电阻,加并联电容,加反馈绕组或反馈电容等。

三、测量电路

差动变压器的输出是交流电压,若用交流电压表测量,只能反映衔铁位移的大小,不能反映移动的方向。另外,其测量值中将包含零点残余电压。为了达到能辨别移动方向和消除零点残余电压的目的,实际测量时,常常采用差动整流电路和相敏检波电路。

1.差动整流电路

这种电路是把差动变压器的两个次级输出电压分别整流,然后将整流的电压或电流的差值作为输出。

差动整流电路具有结构简单(见图4-2-2),根据差动输出电压的大小和方向就可以判断出被测量(如位移)的大小和方向,不需要考虑相位调整和零点残余电压的影响,分布电容影响小,便于远距离传输,因而获得广泛应用。

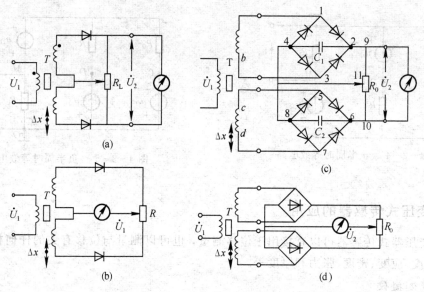

图 4-2-2 差动整流电路

2. 相敏检波电路

输入信号 u_2（差动变压器式传感器输出的调幅波电压）通过变压器 T_1 加到环形电桥的一个对角线上。参考信号 u_s 通过变压器 T_2 加到环形电桥的另一个对角线上。输出信号 u_0 从变压器 T_1 与 T_2 的中心抽头引出，如图 4-2-3 所示。

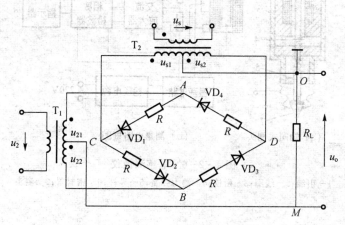

图 4-2-3 相敏检波电路原理图

平衡电阻 R 起限流作用，以避免二极管导通时变压器 T_2 的次级电流过大。R_L 为负载电阻。u_s 的幅值要远大于输入信号 u_2 的幅值，以便有效控制 4 个二极管的导通状态，且 u_s 和差动变压器式传感器激磁电压 u_1 由同一振荡器供电，保证二者同频同相（或反相）如图 4-2-4、图 4-2-5 所示。

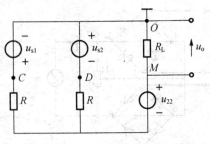

图 4-2-4　正半周时等效电路

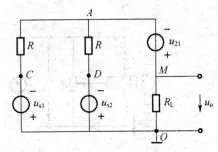

图 4-2-5　负半周时等效电路

四、差动变压式传感器的应用

差动变压器式传感器可以直接用于位移测量,也可以测量与位移有关的任何机械量,如振动、加速度、应变、密度、张力和厚度等。

1. 电感测微仪

电感式传感器接成桥式电路,并用振荡电路供电。电桥输出的不平衡电压将与衔铁位移成正比。电桥输出的信号比较小,需经交流放大器放大到一定程度才能推动相敏检波器工作,如图 4-2-6 所示。

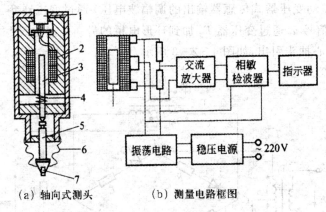

（a）轴向式测头　　　　（b）测量电路框图

图 4-2-6　电感测微仪

1—引线;2—线圈;3—衔铁;4—测力弹簧;5—导杆;6—密封罩;7—测头

2. 电感式压力传感器

图 4-2-7 为微压力变送器的结构示意图。由膜盒将压力变换成位移,再由差动变压器转换成输出电压。内装电路,可输出标准信号,故称变送器。

3. 电感式加速度传感器

图 4-2-8 是差动变压器式加速度传感器的结构示意图。它由悬臂梁1和差动变压器2构成。测量时,将悬臂梁底座及差动变压器的线圈骨架固定,而将衔铁的 A 端与被测振动体相连。当被测体带动衔铁以 $\Delta x(t)$ 振动时,导致差动变压器的输出电压也按相同规律变化。

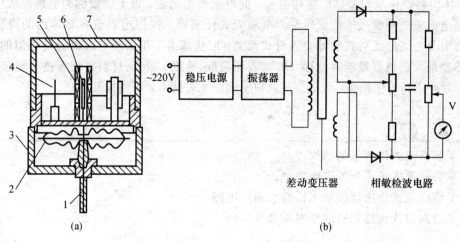

图 4-2-7　微压力变送器结构示意图

(a)结构图;(b)电路图

1—接头;2—膜盒;3—底座;4—线路板;5—差动就压器;6—衔铁;7—罩壳

4.CPC-A型差压计

7555 与电路外阻容元件组成振荡,输出方波作为差动变压器一次绕组的激励电源,幅值10V。VD_1,VD_2组成电压输出型检波电路。RP_1为零点调整,RP_2为满度调整,见图4-2-9。

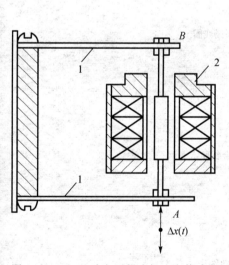

图 4-2-8　差动变压器式加速度传感器

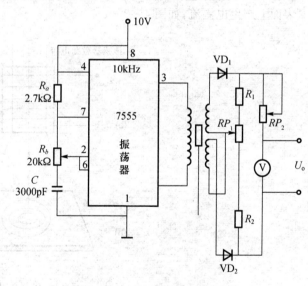

图 4-2-9　CPC-A型差压计

项目三　涡流式传感器

根据法拉第电磁感应原理,块状金属导体置于变化的磁场中或在磁场中作切割磁力线运动时，导体内将产生呈涡旋状的感应电流，此电流叫电涡流，以上现象称为电涡流效应。

根据电涡流效应制成的传感器称为电涡流式传感器。按照电涡流在导体内的贯穿情况，此传感器可分为高频反射式和低频透射式两类，但从基本工作原理上来说仍是相似的。电涡流式传感器最大的特点是能对位移、厚度、表面温度、速度、应力、材料损伤等进行非接触式连续测量，另外还具有体积小，灵敏度高，频率响应宽等特点，应用极其广泛。

学 习 任 务

(1)了解涡流式传感器的结构。
(2)掌握涡流式传感器的工作原理。
(3)了解涡流式传感器的基本特性和测量电路。
(4)了解涡流式传感器的注意事项及其应用。

相 关 理 论

根据法拉第电磁感应原理，分析了涡流式传感器的结构及工作原理，同时给出了涡流式传感器的基本特性及测量电路，并对涡流式传感器的注意事项及应用做出了简单的介绍。

一、工作原理

电涡流形成：高频电流线圈靠近被测金属，线圈上的高频电流所产生的高频电磁场在金属表面上产生电涡流，如图 4-3-1。

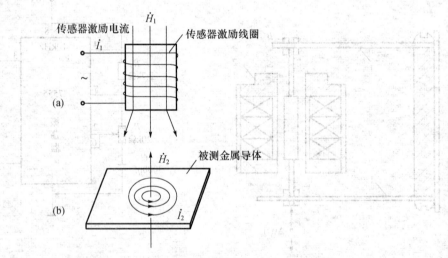

图 4-3-1　电涡流传感器原理图

(1) 线圈通入交变电流 I，在线圈的周围产生交变的磁场 H_1。
(2) 位于该磁场中的金属导体上产生感应电动势并形成涡流。
(3) 涡流也产生相应的磁场 H_2，H_2 与 H_1 方向相反。
(4) H_2 的作用引起线圈等效阻抗、等效电感等发生相应的变化。
电涡流使通电线圈的等效阻抗发生变化，线圈等效阻抗的变化反映了金属导体的涡流效应。电涡流效应与被测金属间的距离及电导率、磁导率、线圈的几何形状、几何尺寸、电流频率等参数有关。通过电路可将被测金属参数转换成电压或电流变化。电涡流传感器根据这一原理实现对金属物体的位移、振动等参数的测量。

传感器线圈受电涡流影响时的等效阻抗 Z 的函数关系式为

$$Z = f(\rho, \mu, r, I, f, x) \tag{4-7}$$

式中，Z 为高频涡流传感器线圈阻抗；ρ 为电导率；μ 为导磁率；r 为线圈半径等几何尺寸；I 为线圈电流；f 为频率；x 为距离。

如果保持式（4-7）中其他参数不变，而只改变其中一个参数，传感器线圈阻抗 Z 就仅仅是这个参数的单值函数。通过与传感器配用的测量电路测出阻抗 Z 的变化量，即可实现对该参数的测量。

涡流式传感器的特点是结构简单，易于进行非接触的连续测量，灵敏度较高，适用性强，因此得到了广泛的应用。它的变换量可以是位移，也可以是被测材料的性质，

其应用大致有下列四个方向：

（1）利用位移作为变换量，也可以是被测量位移、厚度、振幅、振摆、转速等传感器，也可做成接近开关、计数器等；

（2）利用材料电阻率 ρ 作为变换量，可以做成测量温度、材质判别等传感器；

（3）利用导磁率作为变换量，可以做成测量应力、硬度等传感器；利用变换量、ρ、μ 等的综合影响，可以做成探伤装置等。

二、基本特性

电涡流传感器简化模型如图 4-3-2 所示。模型中，把在被测金属导体上形成的电涡流等效成一个短路环，即假设电涡流仅分布在环体之内，模型中电涡流的贯穿深度可由下式求得，即

$$h = \sqrt{\frac{\sigma}{\pi \mu_0 \mu_r f}} \tag{4-8}$$

式中，f 为线圈激磁电流的频率。

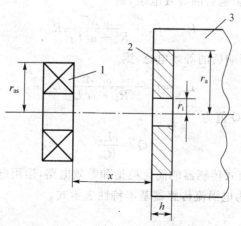

图 4-3-2　电涡流传感器简化模型
1—传感器线圈；2—短路环；3—被测金属导体

根据简化模型，可画出如图 4-3-3 所示的等效电路图。图中为电涡流短路环等效电阻，

其表达式为

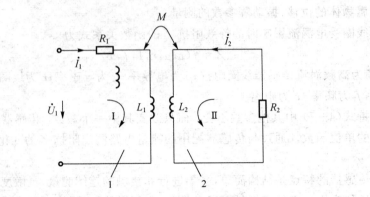

图 4-3-3 电涡流传感器等效电路
1-传感器线圈;2-电涡流短路环

$$R_2 = \frac{2\pi\rho}{h_1 n \frac{r_a}{r_i}} \qquad (4-9)$$

根据基尔霍夫第二定律,可列出方程:为

$$\left.\begin{array}{l} R_1 \dot{I}_1 + \mathrm{j}\omega L_1 \dot{I}_1 - \mathrm{j}\omega M \dot{I}_2 = \dot{U}_1 \\ -\mathrm{j}\omega M \dot{I}_1 + R_2 \dot{I}_2 + \mathrm{j}\omega L_2 \dot{I}_2 = 0 \end{array}\right\} \qquad (4-10)$$

式中,ω 为线圈激磁电流角频率;R_1,L_1 为线圈电阻和电感;L_2 为短路环等效电感;R_2 为短路环等效电阻;M 为互感系数。

由式(4-10)解得等效阻抗 Z 的表达式为

$$Z = \frac{\dot{U}_1}{\dot{I}_1} = R_1 + \frac{\omega^2 M^2}{R_2^2 + \omega^2 L_2^2} R_2 + \mathrm{j}\omega\left[L_1 - \frac{\omega^2 M^2}{R_2^2 + \omega^2 L_2^2} L_2\right] = R_{\mathrm{eq}} + \mathrm{j}\omega L_{\mathrm{eq}} \qquad (4-11)$$

式中,R_{eq} 为线圈受电涡流影响后的等效电阻,则

$$R_{\mathrm{eq}} = R_1 + \frac{\omega^2 M^2}{R_2^2 + \omega^2 L_2^2} R_2 \qquad (4-12)$$

L_{eq} 为线圈受电涡流影响后的等效电感,则

$$L_{\mathrm{eq}} = L_1 + \frac{\omega^2 M^2}{R_2^2 + \omega^2 L_2^2} L_2 \qquad (4-13)$$

线圈的等效品质因数 Q 值为

$$Q = \frac{\omega L_{\mathrm{eq}}}{R_{\mathrm{eq}}} \qquad (4-14)$$

综上所述,根据电涡流式传感器的简化模型和等效电路,运用电路分析的基本方法得到的式(4-13)和式(4-14),为电涡流传感器基本特性表示式。

三、测量电路

用于电涡流传感器的测量电路主要有调频式、调幅式电路两种。

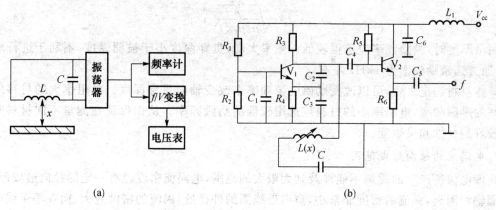

(a)　　　　　　　　　　　　　　　　(b)

图 4-3-4　调频式测量电路
(a)测量电路框图；(b)振荡电路

1.调频式电路(见图 4-3-4)

传感器线圈接入 LC 振荡回路,当传感器与被测导体距离 x 改变时,在涡流影响下,传感器的电感变化,将导致振荡频率的变化,该变化的频率是距离的函数,即 $f=L(x)$,该频率可由数字频率计直接测量,或者通过 $f-V$ 变换,用数字电压表测量对应的电压。

振荡器的频率为

$$f=\frac{1}{2\pi\sqrt{L(x)C}} \tag{4-15}$$

为了避免输出电缆分布电容的影响,通常将 L,C 安装在传感器内。 此时,电缆分布电容并联在大电容 C_2,C_3 上,因而对振荡频率的影响将大大减小。

2.调幅式电路(见图 4-3-5)

当金属导体远离或去掉时,LC 并联谐振回路谐振频率即为石英振荡频率 f_0,回路呈现的阻抗最大,谐振回路上的输出电压也最大;当金属导体靠近传感器线圈时,线圈的等效电感 L 发生变化,导致回路失谐,从而使输出电压降低,L 的数值随距离 x 的变化而变化。因此,输出电压也随 x 而变化。输出电压经放大、检波后,由指示仪表直接显示出 x 的大小。

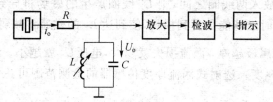

图 4-3-5　调幅式测量电路示意图

除此之外,交流电桥也是常用的测量电路。

四、使用注意事项

1.电涡流轴向贯穿深度的影响

涡流在金属导体中的轴向分布是按指数规律衰减的衰减深度可以表示为

$$t = \sqrt{\frac{\rho}{\mu_0 \mu_r \pi f}} \qquad\qquad (4-16)$$

测量厚度时,激励频率应选得较低。频率太高,贯穿深度小于被测厚度,不利于进行厚度测量,通常选激励频率为 1kHz 左右。

导体材料确定之后,可以改变励磁电源频率来改变轴向贯穿深度。电阻率大的材料应选用较高的励磁频率,电阻率小的材料应选用较低的励磁频率。从而保证在测量不同材料时能得到较好的线性和灵敏度。

2. 电涡流的径向形成范围

线圈电流所产生的磁场不能涉及到无限大的范围,电涡流密度也有一定的径向形成范围。在线圈轴线附近,涡流的密度非常小,愈靠近线圈的外径处,涡流的密度愈大,而在等于线圈外径 1.8 倍处,涡流将衰减到最大值的 5%。为了充分利用涡流效应,被测金属导体的横向尺寸应大于线圈外径的 1.8 倍;而当被测物体为圆柱体时,它的直径应大于线圈外径的 3.5 倍。

3. 电涡流强度与距离的关系

电涡流强度随着距离与线圈外径比值的增加而减少,当线圈与导体之间距离大于线圈半径时,电涡流强度已很微弱。为了能够产生相当强度的电涡流效应,通常取距离与线圈外径的比值为 0.05~0.15。

4. 非被测金属物的影响

由于任何金属物体接近高频交流线圈时都会产生涡流,为了保证测量精度,测量时应禁止其他金属物体接近传感器线圈。

五、电涡流传感器的应用

1. 低频透射式涡流厚度传感器

图 4-3-6 所示为透射式涡流厚度传感器的结构原理图。在被测金属板的上方设有发射传感器线圈 L_1,在被测金属板下方设有接收传感器线圈 L_2。当在 L_1 上加低频电压 $\dot{U}_1$ 时,L_1 上产生交变磁通 Φ'_1,若两线圈间无金属板,则交变磁通直接耦合至 L_2 中,L_2 产生感应电压 $\dot{U}_2$。如果将被测金属板放入两线圈之间,则 L_1 线圈产生的磁场将导致在金属板中产生电涡流,并将贯穿金属板,此时磁场能量受到损耗,使到达 L_2 的磁通将减弱为 Φ'_1,从而使 L_2 产生的感应电压 $\dot{U}_2$ 下降。金属板越厚,涡流损失就越大,电压 $\dot{U}_2$ 就越小。因此,可根据 $\dot{U}_2$ 电压的大小得知被测金属板的厚度。透射式涡流厚度传感器的检测范围可达 1~100mm,分辨率为 0.1μm,线性度为 1%。

2. 高频反射式涡流厚度传感器(见图 4-3-7)

为了克服带材不够平整或运行过程中上下波动的影响,在带材的上、下两侧对称地设置了两个特性完全相同的涡流传感器 S_1 和 S_2。S_1 和 S_2 与被测带材表面之间的距离分别为 x_1 和 x_2。若带材厚度不变,则被测带材上、下表面之间的距离总有 $x_1 + x_2 =$ 常数的关系存在。两传感器的输出电压之和为 $2U_0$,数值不变。如果被测带材厚度改变量为 $\Delta\delta$,则两传感器与带材之间的距离也改变一个 $\Delta\delta$,两传感器输出电压此时为 $2U_0 \pm \Delta U_0$。ΔU 经放大器放大后,通过指示仪表即可指示出带材的厚度变化值。带材厚度给定值与偏差指示值的代数和就是被测带材的厚度。

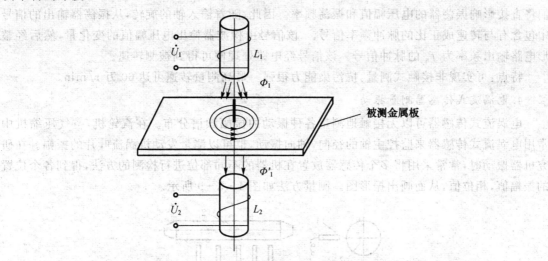

图 4-3-6 透射式涡流厚度传感器结构原理图

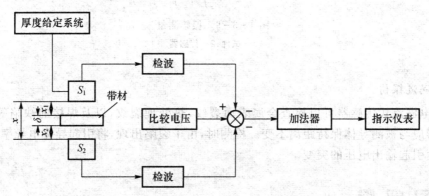

图 4-3-7 高频反射式涡流测厚仪测试系统图

3.电涡流式转速传感器

图 4-3-8 所示为电涡流式转速传感器工作原理图。在软磁材料制成的输入轴上加工一键槽,在距输入表面 d_0 处设置电涡流传感器,输入轴与被测旋转轴相连。

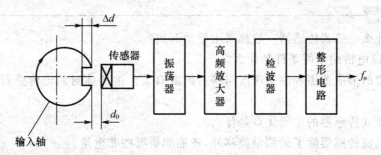

图 4-3-8 电涡流式转速传感器工作原理图

当被测旋转轴转动时,电涡流传感器与输出轴的距离变为 $d_0 + \Delta d$。由于电涡流效应,使

传感器线圈阻抗随 Δd 的变化而变化,这种变化将导致振荡谐振回路的品质因数发生变化,它们将直接影响振荡器的电压幅值和振荡频率。因此,随着输入轴的旋转,从振荡器输出的信号中包含有与转速成正比的脉冲频率信号。该信号由检波器检出电压幅值的变化量,然后经整形电路输出频率为 f_n 的脉冲信号。该信号经电路处理便可得到被测转速。

特点:可实现非接触式测量,抗污染能力很强。最高测量转速可达 60 万 r/min。

4. 电涡流式传感器测量振动

电涡流式传感器可以无接触地测量各种振动的振幅频谱分布。在汽轮机,空气压缩机中常用电涡流式传感器来监控主轴的径向,轴向振动,也可以测量发动机涡流叶片的振幅。在研究机器振动时,常常采用将多个传感器放置在机器的不同部位进行检测的方法,得到各个位置的振幅值,相位值,从而画出振形图。测量方法如图 4-3-9 所示。

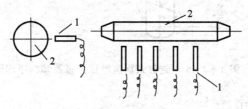

图 4-3-9 振幅测量

1—试件;2—传感器

6. 电涡流探伤

利用电涡流式传感器可以检查金属表面裂纹,热处理裂纹,以及焊接的缺陷等。在探伤时,传感器应与被测导体保持距离不变。检测时,由于裂陷出现,将引起导体电导率,磁导率的变化,从而引起输出电压的突变。

● 单 元 提 炼

本单元主要介绍了自感式(电感式)、互感式(差动变压器式)及电涡流式传感器的结构、原理、测量电路及应用。要求同学们重点掌握各类型的传感器的原理及应用对象和实际应用测试。

● 单 元 练 习

4.1 为什么电感式传感器一般都采用差动形式?

4.2 交流电桥的平衡条件是什么?

4.3 涡流的形成范围和渗透深度与哪些因素有关?被测体对涡流传感器的灵敏度有何影响?

4.4 涡流式传感器的主要优点是什么?

4.5 电涡流传感器除了能测量位移外,还能测量哪些非电量?

4.6 试分析差动变压器相敏检测电路的工作原理。

第五单元 磁电感式传感器

项目一 霍尔传感器的认识与应用

学 习 任 务

(1)了解认识霍尔传感器;

(2)掌握霍尔传感器基本工作原理;

(3)掌握霍尔传感器的应用。

相 关 理 论

用霍尔元件做成的传感器称为霍尔传感器。本项目主要是对霍尔传感器的基本原理和特性进行简单介绍,对霍尔传感器的集成电路和霍尔传感器的应用进行重点讲述。

一、霍尔传感器基本原理

属或半导体薄片置于磁感应强度为 B 的磁场中,磁场方向垂直于薄片,当有电流 I 流过薄片时,在垂直于电流和磁场的方向上将产生电动势 E_H,这种现象称为霍尔效应(Hall Effect),该电动势称为霍尔电动势(Hall EMF),上述半导体薄片称为霍尔元件(Hall Element)。用霍尔元件做成的传感器称为霍尔传感器(Hall Transducer),如图 5-1-1 为霍尔元件示意图。

霍尔属于四端元件:其中一对(即 a、b 端)称为激励电流端,另外一对(即 c、d 端)称为霍尔电动势输出端,c、d 端一般应处于侧面的中点。

由实验可知,流入激励电流端的电流 I 越大、作用在薄片上的磁场强度 B 越强,霍尔电动势也就越高。霍尔电动势 E_H 可用表示为

$$E_H = K_H I B \qquad (5-1)$$

式中,K_H 为霍尔元件的灵敏度。

若磁感应强度 B 不垂直于霍尔元件,而是与其法线成某一角度 θ 时,实际上作用于霍尔元件上的有效磁感应强度是其法线方向(与薄片垂直的方向)的分量,即 $B\cos\theta$,这时的霍尔电动势为

$$E_H = K_H I B \cos\theta \qquad (5-2)$$

从式(5-2)可知,霍尔电动势与输入电流 I,磁感应强度 B 成正比,且当 B 的方向改变时,霍尔电动势的方向也随之改变。如果所施加的磁场为交变磁场,则霍尔电动势为同频率的交变电动势。

目前常用的霍尔元件材料是 N 型硅,霍尔元件的壳体可用塑料、环氧树脂等制造。

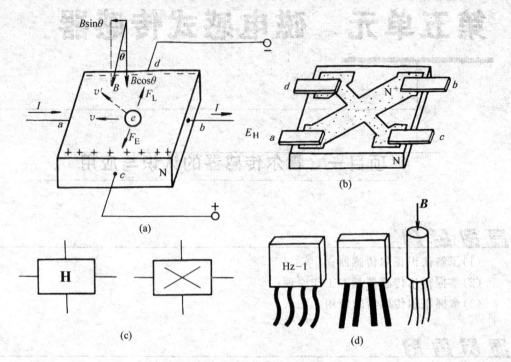

图 5 - 1 - 1   霍尔元件示意图

二、霍尔传感器主要特性

(1) 输入电阻 R_i。恒流源作为激励源的原因:霍尔元件两激励电流端的直流电阻称为输入电阻。它的数值从数 10Ω 到数百 Ω,视不同型号的元件而定。温度升高,输入电阻变小,从而使输入电流 I_{ab} 变大,最终引起霍尔电动势变大。使用恒流源可以稳定霍尔原件的激励电流。

(2) 最大激励电流 I_m。激励电流增大,霍尔元件的功耗增大,元件的温度升高,从而引起霍尔电动势的温漂增大,因此每种型号的元件均规定了相应的最大激励电流,它的数值从几毫安至十几毫安。

三、霍尔传感器的集成电路

霍尔集成电路(又称霍尔 IC)的优点:体积小、灵敏度高、输出幅度大、温漂小、对电源稳定性要求低等。

霍尔集成电路的分类:线性型和开关型两大类。

线性型霍尔集成电路如图 5 - 1 - 2 所示,线性型霍尔集成电路输出特性如图 5 - 1 - 3 所示。

霍尔元件和恒流源、线性差动放大器等做在一个芯片上,输出电压为伏级,比直接使用霍尔元件方便得多。

开关型霍尔集成电路的内部电路如图 5 - 1 - 4 所示,开关型霍尔集成电路的史密特输出特性如图5-1-5所示。

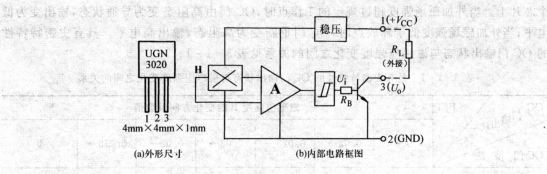

(a)外形尺寸　　　　(b)内部电路框图

图 5-1-2　线性型霍尔集成电路

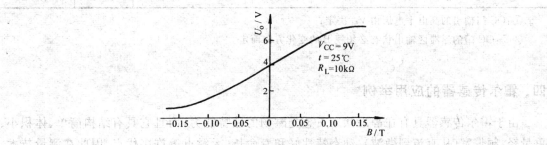

图 5-1-3　线性型霍尔集成电路输出特性

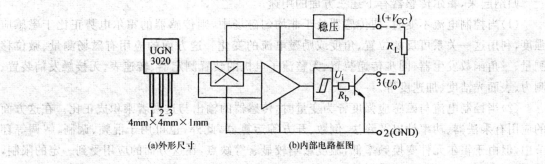

(a)外形尺寸　　　　(b)内部电路框图

图 5-1-4　开关型霍尔集成电路

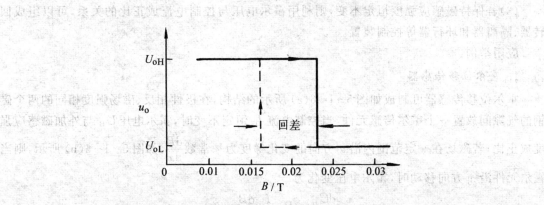

图 5-1-5　开关型霍尔集成电路的史密特输出特性

霍尔元件、稳压电路、放大器、施密特触发器、OC 门(集电极开路输出门)等电路做在同一个芯片上。当外加磁场强度超过规定的工作点时,OC 门由高阻态变为导通状态,输出变为低电平;当外加磁场强度低于释放点时,OC 门重新变为高阻态,输出高电平。具有史密特特性的 OC 门输出状态与磁感应强度变化之间的关系见表 5-1-1。

表 5-1-1　具有史密特特性的 OC 门输出状态与磁感应强度变化之间的关系

OC 门输出状态　　B/T　　OC 门接法	磁感应强度 B 的变化方向及数值						
	0→	0.02→	0.023→	0.03→	0.02→	0.016→	0
接上拉电阻 R_L	高电平①	高电平②	低电平	低电平	低电平③	高电平	高电平
不接上拉电阻 R_L	高阻态	高阻态	低电平	低电平	低电平	高阻态	高阻态

①:OC 门输出的高电平电压由 V_{CC} 决定;

②③:OC 门的迟滞区输出状态必须视 B 的变化方向而定。

四、霍尔传感器的应用举例

由于霍尔传感器具有在静态状态下感受磁场的独特能力,而且它具有结构简单、体积小、重量轻、频带宽(从直流到微波)、动态特性好和寿命长、无触点等许多优点,因此在测量技术,自动化技术和信息处理等方面有着广泛应用。

归纳起来,霍尔传感器有下述三方面的用途。

(1)当控制电流不变时,使传感器处于非均匀磁场中,则传感器的霍尔电势正比于磁感应强度,利用这一关系可反映位置、角度或励磁电流的变化。这方面的应用有磁场测量、微位移测量、三角函数发生器、同步传递装置、无整流子电机的装置测定器、转速表、无接触发信装置、测力、表面光洁度、加速度等。

(2)当控制电流与磁感应强度皆为变量时,传感器的输出与这两者乘积成正比。在这方面的应用有乘法器、功率计以及除法、倒数、开方等运算器,此外,也可用于混频、调制、解调等环节中,但由于霍尔元件变换频率低,温度影响较显著等缺点,在这方面的应用受到一定的限制,这有待于元件的材料、工艺等方面的改进或电路上的补偿措施。

(3)若保持磁感应强度恒定不变,则利用霍尔电压与控制电流成正比的关系,可以组成回转器、隔离器和环行器等控制装置。

应用举例:

1. 霍尔位移传感器

霍尔位移传感器可制成如图 5-1-6(a)所示的结构,在极性相反、磁场强度相同的两个磁钢的气隙间放置一个霍尔传感元件,当控制电流 I_c 恒定不变时,霍尔电压 U_H 与外加磁感应强度成正比;若磁场在一定范围内沿 x 方向的变化梯度为一常数 $\dfrac{dB}{dx}$,如图 5-1-6(b)所示,则当霍尔元件沿 x 方向移动时,霍尔电压变化为

$$\frac{dU_H}{dx} = R_H \frac{I_c}{d} \frac{dB}{dx} = K$$

积分后,得

$$U_H = Kx \qquad\qquad (5-3)$$

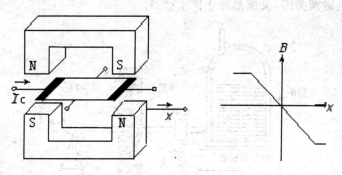

图 5-1-6　霍尔位移传感器

小 提 醒

霍尔电压与位移量 x 成线性关系,其输出电压的极性反映了元件位移的方向。

2.利用霍尔传感器实现无接触式仿型加工

现在应用霍尔传感器可做成无接触的探头,以代替原有的靠模机构。图 5-1-7 是仿型铣床的工作原理图。在探头的前方设置有永久磁铁,当它靠近模件时,霍尔传感器的输出电压增加,当它离开元件时,霍尔传感器的输出电压就减小,利用放大器和控制电路,可使探头与模件保持一定距离。当探头沿模件移动时,通过随动系统移动铣刀,便可加工出与模件相同形状的工件来。

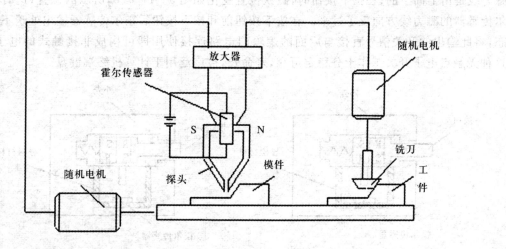

图 5-1-7　无接触式仿型加工原理示意图

3.自动供水装置

自动供水装置可实现凭牌定量供水,具有节约用水而又卫生的优点,其结构如图 5-1-8 所示。锅炉中的水由受控于控制电路的电磁阀控制水的流出与关闭。当用水者打开水时,将铁制的取水牌从投牌口投入,取水牌沿着由非磁性物质制作的滑槽向下滑行,当滑行到霍尔传感器位置时,传感器输出信号经控制电路驱动电磁阀打开,水龙头便放出开水,经一定延时之后,控制电路使电磁阀关闭,又恢复停止供水状态。

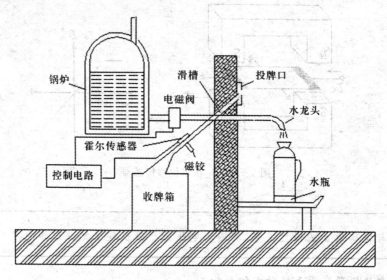

图5-1-8 自动供水装置

4.非接触式键盘开关

如图5-1-9所示是一个由霍尔开关集成传感器和两小块永久磁铁构成的键盘开关的结构原理图。在按钮未按下时,磁铁处于图5-1-9(a)所示的位置,通过霍尔开关集成传感器的磁力线是由上向下的;在按下按钮时,磁铁位置变化如图5-1-9(b)所示的位置,这时通过霍尔传感器的磁力线方向反了过来。在按下按钮前和按下按钮后霍尔传感器输出处于不同的状态,将此输出的开关信号直接与后面的逻辑门电路连接使用即可构成非接触式的电子开关。这种无触点电子开关工作十分稳定可靠,寿命长,被广泛用于计算机终端键盘。

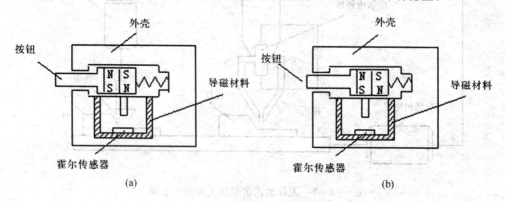

图5-1-9 用霍尔开关集成传感器构成的按钮

项目二　认识其他磁敏元件

学 习 任 务

（1）了解认识磁敏电阻、磁敏二极管和磁敏三极管；

（2）掌握磁敏二极管的结构和工作原理；

（3）掌握磁敏三极管的结构和工作原理。

相 关 理 论

磁敏电阻是利用半导体的磁阻效应制造的，常用 InSb（锑化铟）材料加工而成；磁敏二极管是指其电特性随外部磁场改变而有显著变化的一种结型二端器件，它的电阻随磁场的大小和方向均会发生改变；磁敏三极管是基于双注入、长基区二极管设计制造的一种结型磁敏晶体管，本项目主要是对磁敏元件的基本知识进行简单的介绍，对磁敏元件的结构和工作原理进行重点讲述。

一、磁敏电阻

磁敏电阻是利用半导体的磁阻效应制造的，常用 InSb（锑化铟）材料加工而成。半导体材料的磁阻效应包括物理磁阻效应和几何磁阻效应。其中物理磁阻效应又称为磁电阻率效应。在一个长方形半导体 InSb 片中，沿长度方向有电流通过时，若在垂直于电流片的宽度方向上施加一个磁场，半导体 InSb 片长度方向上就会发生电阻率增大的现象。这种现象就称为物理磁阻效应。几何磁阻效应是指半导体材料磁阻效应，与半导磁敏电阻的用途颇广，现在简要介绍 7 种应用。

（1）作控制元件：可将磁敏电阻用于交流变换器、频率变换器、功率电压变换器、磁通密度电压变换器和位移电压变换器等等。

（2）作计量元件：可将磁敏电阻用于磁场强度测量、位移测量、频率测量和功率因数测量等诸多方面。

（3）作模拟元件：可在非线性模拟、平方模拟、立方模拟、三次代数式模拟和负阻抗模拟等方面使用。

（4）作运算器：可用磁敏电阻在乘法器、除法器、平方器、开平方器、立方器和开立方器等方面使用。

（5）作开关电路：在接近开关、磁卡文字识别和磁电编码器等方面。

（6）作磁敏传感器：用磁敏电阻作核心元件的各种磁敏传感器，其工作原理都是相同的，只是根据用途、结构不同而种类各异。

（7）作无触点电位器用磁敏电阻。

二、磁敏二极管

磁敏二极管是指其电特性随外部磁场改变而有显著变化的一种结型二端器件，它的电阻随磁场的大小和方向均会发生改变。

1. 磁敏二极管的结构

一种 P^+-I-N^+ 型磁敏二极管的结构如图 5-2-1 所示。其中 I 区由高阻本征半导体硅或锗组成,其长度为 L,因 L 远大于载流子扩散长度,故又称之为长基区二极管;P^+,N^+ 分别为重掺杂区域。磁敏二极管加工过程中,需对 I 区的两个侧面进行不同的处理:一侧磨光,另一侧通过扩散杂质或喷砂制成高复合区,又称为 r(recombinatiop) 区。

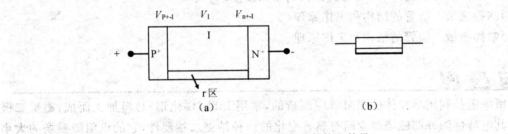

图 5-2-1　磁敏二极管的结构和符号

(a)磁极二极管的结构;(b)磁敏二极管的符号

2. 磁敏二极管的工作原理

普通 P^+-I-N^+ 二极管的 I 区不存在粗糙的复合面,若在其两端施加电压 V,则其内部的分压关系为 $V=V_{P+-I}+V_I+V_{I-N+}$。此时,大量的空穴和电子分别由 P^+ 区和 N^+ 区向 i 区注入(称为双注入),电子和空穴的数目基本相等。因 I 区无复合面,故只有少数载流子能够在体内复合掉,大多数分别到达 N^+ 和 P^+ 区,形成的电流为 $I=I_P+I_N$。

与普通 P^+-I-N^+ 二极管不同,磁敏二极管 I 区的一个侧面是用杂质扩散或者喷砂法制成的高复合区。若在其两极施加恒定电压,同时在垂直于电场方向施以磁场,那么由于洛伦兹力的作用将使载流子偏向或远离复合区。假设在某个方向磁场作用下,电子和空穴因受洛伦兹力作用,都向 r 面偏转。因 r 面的高复合特性,使得进入 I 区的电子和空穴很快就被复合掉,从而使 I 区载流子密度减小,电阻增大,电压降 V_I 也增大,导致 N^+-I 结和 P^+-I 结上的电压降 V_{P+-I} 和 V_{I-N+} 减小,注入载流子也相应减少。如此反复,直到电流无法再减小且达到某一稳态值为止。若改变磁场方向,电子和空穴将向与 r 区相对的光滑面流动,因光滑面载流子复合能力较弱,使得 I 区载流子浓度增加,电阻减小,电压降 V_I 也减小,相应地 V_{N+-I} 和 V_{P+-I} 增加,载流子的注入量也增加,电流进一步增大。如此正反馈,直到电流饱和为止。

对于磁场使电子和空穴都向 r 区偏转的情况,若磁场强度 H 增加,则洛伦兹力也增加,载流子运动行程也将增加,从而加深了 Y 区对载流子表面复合的程度,磁敏二极管表现出更强的磁阻效应。

对于磁场使电子和空穴都偏离 Y 区的情况,若磁场强度 H,电子、空穴的复合率将进一步变小,载流子浓度增加,表现出的电流就会变大。

综上所述,磁敏二极管两端加恒定电压时,其 I 区两端的正、负输出电压 V_I 会随着外加磁场的大小和方向而变化,而且高复合面与光滑面之间的复合率差别愈大,磁敏二极管的灵敏度也就愈高。

当在磁敏二极管两端外加反向偏压时,由于 PN 结的整流作用,仅流过很小电流,该电流与磁场几乎无关。

由于磁敏二极管 I 区两端的电压无法直接测量,故实用时一般测量的是磁场造成磁敏二极管电流的变化,如图 5-2-2 所示。图中,$U = E - I(B)R$,其中,$I(B)$ 是流过磁敏二极管的电流,它随外部磁场 B 而变化。测出 U,即可得到相应的 $I(B)$,进一步可以得到相应的磁场 B,这就是磁敏二极管测量磁场的基本原理。

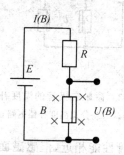

图 5-2-2　磁敏二极管的基本测量电路

3.磁敏二极管的主要技术参数与特性

(1)磁灵敏度。描述磁敏二极管磁灵敏度的主要参数包括电流相对灵敏度、电压相对灵敏度以及电压绝对灵敏度等,其含义见表 5-2-1,测试电路可参考图 5-2-3 来构造。

表 5-2-1　描述磁敏二极管磁灵敏度的主要参数含义对比

磁灵敏度	定　义	公式	条　件
电流相对磁灵敏度(S_I)	单位磁感应强度所产生的偏流的相对变化量	$S_I = \dfrac{I(B) - I(0)}{1(0)B}$	恒定偏压
电压相对磁灵敏度(S_V)	单位磁感应强度所产生的电压相对变化量	$S_V = \dfrac{U(B) - U(0)}{U(0)B}$	恒定偏流
电压绝对磁灵敏度(S_B)	单位磁场所产生的电压的绝对变化	$S_B = \dfrac{U(\pm 0.1T) - U(0)}{B}$	

注:$I(B)$,$U(B)$ 分别指磁感应强度为 B 时流过磁敏二极管的电流和电压

(2)温度特性。随着温度的变化,磁敏二极管的伏—安特性、磁灵敏度、以及输出电压等都会发生相应的变化。对于图 6-11 所示的电路,在 $E = 6$ V,$B = 1$ kG(高斯)以及电阻 R 确定的条件下,当温度为 $-20℃$,$0℃$,$20℃$,$40℃$,$60℃$,$80℃$ 时,可测出对应的电流 $I(B)$ 分别为 0,0.2,0.6,1.3,2.3,5mA,$I(B)$ 随温度的升高而增加。同样条件下,当温度为 $-20℃$,$0℃$,$20℃$,$40℃$,$60℃$,$80℃$ 时,对应的输出电压变化量分别为 0.75,0.8,0.79,0.7,0.56,0.4V。可以看出,随着温度的增加,磁敏二极管输出电压的变化量有短暂的增加,然后又会下降。

一般,Ge 磁敏二极管 $B = 0$ 时的输出电压 $U(0)$ 的温度系数为 -60mV/℃,ΔU(U 的变化量)温度系数为 1.5%/℃,适用的工作温度为 $-40℃$ 到 $65℃$。而 Si 管 $U(0)$ 的温度系数为 $+20$mV/℃,ΔU 的温度系数为 0.6%/℃,适用的工作温度为 $-40℃$ 到 $85℃$。

基于上述原因,磁敏二极管实际使用时,需要进行温度补偿。图 5-2-3 示出了几种温度补偿电路。

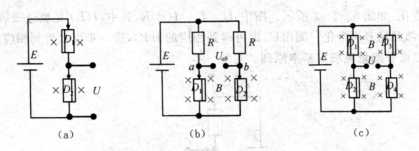

图 5 - 2 - 3 磁敏二极管的温度补偿电路
(a)互补式温度补偿电路;(b)差分式温度补偿电路;(c)全桥温度补偿电路

图 5-2-3(a)中,两只磁敏二极管性能相近,但感磁面方向相反(即若 D_1 感受正向磁场时磁阻小,D_2 感受正向磁场时的磁阻就大)。由于温度的变化对两个磁敏二极管阻值的影响基本相同,故其分压比将基本不变,输出电压 U 也不随温度而变化,这样就达到了温度补偿的目的。此外,该互补电路还能提高测磁灵敏度,这是因为当外磁场为 B 时,若 D_2 的等效阻抗增加,则 D_1 的等效阻抗必然减小,这样相对于在 D_1 位置上放置一个固定电阻来说,显然 D_2 上的分压会更多,也就是说,同样的磁场会造成更大的电压输出。图 5 - 2 - 3(b)中,两只磁敏二极管性能接近,感磁面方向也相反,因此温度的影响对 a,b 两点是一样的,故 U_{ab} 消除了温度的影响,同时,由于 D_1,D_2 感磁面方向相反,故其输出将会是非差分电路的两倍。图 5 - 2 - 3(c)综合了图 5 - 2 - 3(a)(b)两种补偿方法,具有最好的温度补偿性和最高的灵敏度。

(3)伏-安特性。图 5 - 2 - 4 所示出了锗磁敏二极管与硅磁敏二极管的伏安特性曲线。注意 Si 磁敏二极管的电流—电压特性曲线中产生"负阻"现象。其原因是高阻 I 区热平衡载流子少,注入 I 区的载流子在未填满复合中心前不会产生较大电流。只有当填满复合中心后电流才开始增加,同时 I 区压降减少,表现为负阻特性。

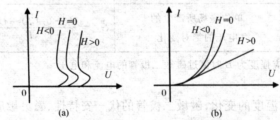

图 5 - 2 - 4 Ge 磁敏二极管与硅磁敏二极管的伏安特性曲线
(a)Ge 管;(b)Si 管

(4)磁电特性。给定条件下磁敏二极管的输出电压变化量与外加磁场 H 的关系称为磁敏二极管的磁电特性。

图 5-2-5 给出磁敏二极管的磁电特性曲线。其中图(a)表示单个使用,图(b)表示互补使用时的情况。可以看出,单个使用时,正向磁灵敏度大于反向磁灵敏度。互补使用时,正向特性与反向特性曲线基本对称。磁场强度增加时,曲线有饱和趋势。但在弱磁场下,曲线有很好的线性。

4. 磁敏二极管测磁的特点

磁敏二极管测磁具有以下特点。

（1）既可以测量磁场的强度又可以测量磁场的方向。

（2）可用来检测交、直流磁场,特别适合于测量弱磁场。

（3）可以正反向测量,利用这一特性可制作成无触点开关。

（4）灵敏度高,即使在小电流下,也可获得很高的灵敏度。

（5）线性性能不如霍尔元件。

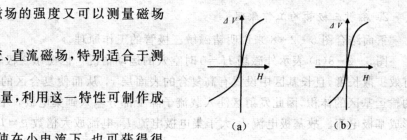

图 5-2-5 磁敏二极管的磁
电特性曲线
(a)单个使用;(b)互补使用

三、磁敏三极管

磁敏三极管是基于双注入、长基区二极管设计制造的一种结型磁敏晶体管,它可分为 NPN 和 PNP 两种类型,制作的材料既可以是 Ge 也可以是 Si。

1. 磁敏三极管的结构

图 5-2-6(a)(b)分别是 Ge,Si 两种磁敏三极管的结构示意图。可以看出,Ge 磁敏三极管是立体式结构,有发射极 e、基极 b 和集电极 c（均通过合金法或扩散法在弱本征 P 型半导体上形成）。其中集电极和发射极上下正对,基极则位于侧面。在发射极一侧的基区制造一个高复合的 R 区。硅磁敏三极管则是一种平面式结构,它是在 N 型基底上分别形成发射区、集电区和基区,最后形成 PNP 型磁敏三极管。需要注意:硅磁敏三极管没有高复合区。

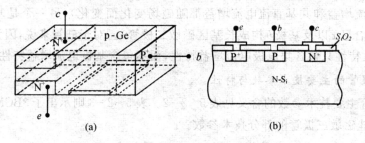

图 5-2-6 磁敏三极管的基本结构
(a)锗磁敏三极管的立体结构;(b)硅磁敏三极管

图 5-2-7 所示出了 NPN 型锗磁敏三极管和 PNP 型硅磁敏三极管的符号。

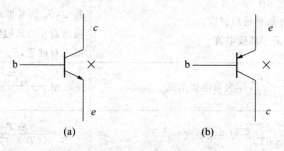

图 5-2-7 磁敏三极管的符号
(a)NPN 型锗磁敏三极管;(b)PNP 型硅磁敏三极管

2. 磁敏三极管的工作原理

下面结合图 5-2-8 来说明锗磁敏三极管的工作原理。

图 5-2-8(a) 表示外磁场 $H=0$ 时空穴的运动情况。因磁敏三极管基区长度大于载流子有效扩散长度，且长基区中设置有高复合的表面层 r，从而使复合区的体积远大于集-射极间的输运基区的体积，因此发射区注入载流子除少部分输入到集电极 c 外，大部分通过 $e-i-b$，形成基极电流。故基极电流 I_b 大于集电极电流 I_c，电流放大倍数 $\beta=I_c/I_b<1$。

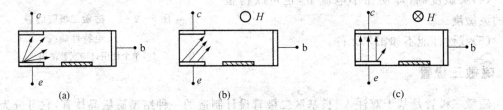

图 5-2-8 磁敏三极管的工作原理

(a)$H=0$ 时空穴的运动；(b)$H>0$ 时空穴的运动；(c)$H<0$ 时空穴的运动

图 5-2-8(b) 所示出的是外加磁场 $H>0$ 时空穴的运动情况，此时因洛仑兹力导致载流子向发射区一侧偏转从而使集电极电流 I_c 明显下降。

图 5-2-8(c) 所示出的是外加磁场 $H<0$ 时空穴的运动的情况，此时洛仑兹力的作用使得载流子向集电区一侧偏转，从而集电极电流 I_c 增大。

从上述分析可以看出，锗磁敏三极管的磁敏特性由两部分组成：一个是集电极电流增益特性（共射直流电流增益和共基直流电流增益都随磁场变化而变化）；另一个是基极电流增益特性（发射极 c、复合区 r 以及基极 b 构成长基区磁敏二极管）。对于硅管来说，因为不存在复合区 r，所以它的磁敏特性只包含集电极电流增益特性，而不包含基极电流增益特性。

3. 磁敏三极管的主要技术参数与特性

磁敏三极管主要技术参数的含义见表 5-2-2。表 5-2-3 则示出了 3BCM 型锗磁敏三极管和 3CCM 型硅磁敏三极管的部分技术参数。

表 5-2-2 磁敏三极管的主要技术参数

名　称	定　义	说　明
磁灵敏度(S)	$S=\dfrac{1}{I_{cb}}\dfrac{dI_{cb}}{dB}$ B——外加磁感应强度； I_{cb}——集—基极电流	利用公式 $I_{cb}=\bar{\beta}\cdot I_b$ 可导出 $S=S_b+S_{\bar{\beta}}$ 其中，S_b 为基极电流的磁灵敏度，$S_{\bar{\beta}}$ 为电流增益 $\bar{\beta}$ 的灵敏度。S_b 及 $S_{\bar{\beta}}$ 定义与 S 类似。对硅管，$S_b=0$
集电极电流温度系数	$\alpha_{Ic}=\dfrac{1}{I_c}\dfrac{dI_c}{dT}$，$I_c$ 为集电极电流	$\alpha_{Ic}=\dfrac{I_c(T_2)-I_0(T_1)}{I_c(T_0=25℃)(T_2-T_1)}\times100\%$
磁灵敏度温度系数	$\alpha_S=\dfrac{1}{S}\dfrac{dS}{dT}$，$S$ 为磁灵敏度	$\alpha_S=\dfrac{S(T_2)-S(T_1)}{S(T_0=25℃)(T_2-T_1)}\times100\%$
频率特性	集电极电流 I_c 随外加磁场 B 的变化特性	由载流子渡越基区的时间所决定

（续表）

名　称	定　义	说　明
伏安特性	磁敏三极管的集电极电流与集—射极电压、基极电流、外加磁场等之间的关系	I_c 随 U_{ce} 变化曲线，$I_b=3\text{mA}, B=-1\text{kG}$；$I_b=3\text{mA}, B=0\text{kG}$；$I_b=3\text{mA}, B=1\text{kG}$
磁电特性	给定条件下磁敏三极管的输出电流变化量与外加磁场的关系称为磁敏三极管的磁电特性	ΔI_c 随 B 变化曲线

表 5-2-3　磁敏三极管的部分技术参数

技术参数	单位	3BCM				3CCM			
		测量条件	测量值			测量条件	测量值		
			max	min	avg		max	min	avg
磁灵敏度	%/T	$E=6\text{V}$ $R_L=100\Omega$ $I_b=2\text{mA}$ $B=\pm0.1\text{T}$	300	50	150	$E=6\text{V}$ $R_L=100\Omega$ $I_b=3\text{mA}$ $B=\pm0.1\text{T}$		>50	
漏电流	μA		≤200			—	—		
最大功耗 P	mW	$I_b=0$　$E=6\text{V}$	45			—	20		
使用温度	℃		−40～+65			—	−45～+100		
磁灵敏度温度系数	%/℃	—		—		$E=6\text{V}$ $R_L=100\Omega$ $I_b=3\text{mA}$ $B=\pm0.1\text{T}$		−0.6	
对磁场的响应时间	μs	—		—		—	<1		

知识链接

霍尔元件在应用领域方面的展望。

（1）新的霍尔元件结构。常规霍尔元件要求磁场垂直于霍尔元件，且在整个霍尔元件上是均匀磁场。而在其他情况，需要根据磁场分布情况，设计各种各样相应的非平面霍尔结构。其中，垂直式霍尔器件是一种最近新发展出来的。这种垂直式霍尔片具有低噪声、低失调和高稳定性的特点。目前根据这种原理国际上开展了许多研究项目。

（2）微型化。瑞士联邦技术研究所最新研制的超小型三维霍尔传感器工作面不到 $300\mu m \times 300\mu m$，只有 6 个管脚。这种器件特别适合用于空间窄小的检测环境，例如电动机中的间隙、磁力轴承以及其他象永磁体扫描等需接近测量表面的场合。

（3）高灵敏度。有资料显示，有一种高灵敏度霍尔传感器，它基于霍尔传感器原理，并且集成了磁通集中器。产品的主要创新就在于利用了成熟的微电子集成工艺，制造低成本的磁通集中器。其磁通集中器直接集成在已带有成千霍尔敏感单元的硅片上，再将硅片切割成单个的霍尔探针，最后封装成标准的集成电路芯片。这种集成化的磁通集中器的单元成本只占传感器成本的 1/6，传感器的检测灵敏度却可提高 5 倍以上。

（4）高集成度。国外霍尔传感器的发展方向就是采用 CMOS 技术的高度集成化，同样功能可以集成在非常小的芯片内，如信号预处理的最主要部分已在霍尔器件上完成，其中包括前置放大、失调补偿、温度补偿、电压恒定，并且可以在芯片上集成许多附加功能，如数据存储单元、定时器 A/D 转换器、总线接口等，所有这些都采用 CMOS 标准，它们开辟了霍尔器件新的应用领域。目前，铁磁层的集成技术在磁传感器领域开创了新的研究方向，许多研究人员正致力于这方面的研究，进行中的各种课题包括二维和三维霍尔传感器，磁断续器和磁通门等等。

综上所述，由于采用了微电子工艺，硅霍尔传感器能很好的适用于许多工业应用。近期硅霍尔传感器的研究进展开辟了许多新的应用，例如单芯片三维高精度磁探头，无触点角位置测量，微电机的精确控制，微型电流传感器和磁断续器，以及今后将被开发的其他崭新应用。此外，为了提高电压灵敏度和横向温度灵敏度、减少失调电压，还将出现新的测量原理与方法，例如等离子霍尔效应及其传感器。

单元提炼

1. $R_H = \dfrac{1}{en}$ 称为霍尔系数，$K_H = \dfrac{R_H}{d} = \dfrac{U_H}{IB}$ 称为器件的灵敏度。

2. 霍尔元件在最大允许温漂下的最大开路霍尔电势，即 $U_{Hm} = \mu \sqrt{\rho b} B \sqrt{2Ad\Delta T/d}$

3. 当选择霍尔元件的材料时，为了提高霍尔灵敏度，要求材料的 $RH = \mu\rho$ 和 $\mu\sqrt{\rho}$ 尽可能大。

4. 霍尔元件的两种温度补偿电路：输入端并联电阻补偿、输入端串联电阻补偿。

5. 霍尔式传感器应用：测量磁场、测量位移、无触电发信、无触电开关。

单元练习

5.1 简述霍尔效应的基本原理。

5.2 简述霍尔式传感器的主要特点。

5.3 何种导体材料和绝缘材料不宜做霍尔元件？

5.4 霍尔灵敏度与霍尔元件厚度之间有什么关系？

5.5 试列出霍尔式传感器可检测的物理量。

5.6 试选择一个霍尔式液位控制系统，画出其示意图和电路原理图，说明其基本工作原理。

第六单元　压电式传感器

压电式传感器是一种典型的自发电型传感器,以电介质的压电效应为基础,外力作用下在电介质表面产生电荷,从而实现非电量测量。

压电式传感器可以对各种动态力、机械冲击和振动进行测量,在声学、医学、力学、导航方面都得到广泛的应用。

压电式传感器具有体积小、质量轻、频响高、信噪比大等特点。由于它没有运动部件,因此结构坚固、可靠性、稳定性高。

其缺点是无静态输出,要求有很高的电输出阻抗。需用低电容的低噪声电缆。

项目一　压电式传感器的工作原理

学习任务

(1)了解什么是压电效应;
(2)了解压电材料。

相关理论

压电式传感器的工作原理是基于某些介质材料的压电效应,是典型的有源传感器。当某些材料受力作用而变形时,其表面会有电荷产生,从而实现非电量测量。压电式传感器具有体积小、重量轻、工作频带宽、灵敏度高、工作可靠、测量范围广等特点,因此在各种动态力、机械冲击与振动的测量,以及声学、医学、力学、宇航等方面都得到了非常广泛的应用。

一、压电效应

某些电介质(晶体)当沿着一定方向施加力变形时,内部产生极化现象,同时在它表面会产生符号相反的电荷;外力去掉后,又重新恢复不带电状态;当作用力方向改变后,电荷的极性也随之改变;这种现象称压电效应。当作用力方向

图 6-1-1　压电效应可逆性

改变时,电荷的极性也随之改变。这种机械能转为电能的现象,称为"正压电效应"。

当在电介质极化方向施加电场,这些电介质也会产生变形,这种现象称为"逆压电效应"(电致伸缩效应),如图 6-1-1 所示。可将电能转换为机械能。具有压电效应的材料称为压

73

电材料,压电材料能实现机—电能量的相互转换。

自然界许多晶体具有压电效应,但十分微弱,研究发现石英晶体、钛酸钡、锆钛酸铅是优能的压电材料。压电材料可以分为两类:压电晶体、压电陶瓷。天然结构的石英晶体呈六角形晶柱,使用时用金刚石刀具切割出一片正方形薄片,如图 6-1-2 所示。

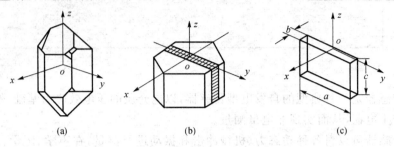

图 6-1-2 石英晶体
(a)完整的石英晶体;(b)石英晶片切割;(c)石英晶片

石英晶体各个方向的特性是不同的。其中纵向轴 z 称为光轴,经过六面体棱线并垂直于光轴的 x 称为电轴,与 x 和 z 轴同时垂直的轴 y 称为机械轴。通常把沿电轴 x 方向的力作用下产生电荷的压电效应称为"纵向压电效应",而把沿机械轴 y 方向的力作用下产生电荷的压电效应称为"横向压电效应"。而沿光轴 z 方向的力作用时不产生压电效应。

石英晶体的压电效应:天然结构石英晶体的理想外形是一个正六面体,在晶体学中它可用3 根互相垂直的轴来表示,其中纵向轴 $Z-Z$ 称为光轴;经过正六面体棱线,并垂直于光轴的 $X-X$ 轴称为电轴(electrical axis);与 $X-X$ 轴和 $Z-Z$ 轴同时垂直的 $Y-Y$ 轴(垂直于正六面体的棱面)称为机械轴。

通常把沿电轴 $X-X$ 方向的力作用下产生电荷的压电效应称为"纵向压电效应",而把沿机械轴 $Y-Y$ 方向的力作用下产生电荷的压电效应称为"横向压电效应",沿光轴 $Z-Z$ 方向受力则不产生压电效应。理想石英晶体的外形如图 6-1-3 所示,石英晶体坐标系如图 6-1-4所示。

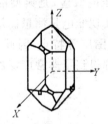

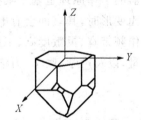

图 6-1-3 理想石英晶体的外形　　　　图 6-1-4 坐标系

压电陶瓷的压电效应:压电陶瓷是人工制造的多晶体压电材料。材料内部的晶粒有许多自发极化的电畴,它有一定的极化方向,从而存在电场。在无外电场作用时,电畴在晶体中杂乱分布,它们各自的极化效应被相互抵消,压电陶瓷内极化强度为零。因此原始的压电陶瓷呈中性,不具有压电性质。

在陶瓷上施加外电场时,电畴的极化方向发生转动,趋向于按外电场方向的排列,从而使材料得到极化。压电陶瓷的极化如图 6-1-5 所示。外电场愈强,就有更多的电畴更完全地转向外电场方向。让外电场强度大到使材料的极化达到饱和的程度,即所有电畴极化方向都整齐地与外电场方向一致时,当外电场去掉后,电畴的极化方向基本变化,即剩余极化强度很大,这时的材料才具有压电特性。

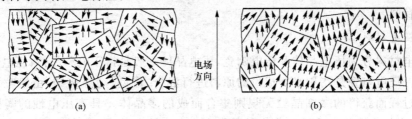

图 6-1-5　压电陶瓷的极化
(a)未极化;(b)电极化

陶瓷片内的极化强度总是以电偶极矩的形式表现出来,即在陶瓷的一端出现正束缚电荷,另一端出现负束缚电荷。由于束缚电荷的作用,在陶瓷片的电极面上吸附了一层来自外界的自由电荷。这些自由电荷与陶瓷片内的束缚电荷符号相反而数量相等,它屏蔽和抵消了陶瓷片内极化强度对外界的作用。

如果在陶瓷片上加一个与极化方向平行的压力 F,陶瓷片将产生压缩形变。片内的正、负束缚电荷之间的距离变小,极化强度也变小。释放部分吸附在电极上的自由电荷,而出现放电现象。当压力撤消后,陶瓷片恢复原状,极化强度也变大,因此电极上又吸附一部分自由电荷而出现充电现象。这种现象称为正压电效应。

若在片上加一个与极化方向相同的电场,电场的作用使极化强度增大。陶瓷片内的正、负束缚电荷之间距离也增大,即陶瓷片沿极化方向产生伸长形变。同理,如果外加电场的方向与极化方向相反,则陶瓷片沿极化方向产生缩短形变。这种由于电效应而转变为机械效应,或者由电能转变为机械能的现象,就是压电陶瓷的逆压电效应。

对于压电陶瓷,通常取它的极化方向为 z 轴,垂直于 z 轴的平面上任何直线都可作为 x 或 y 轴,在是和石英晶体的不同之处。当压电陶瓷在沿极化方向受力时,则在垂直于 z 轴的上、下两表面上将会出现电荷,如公式所示,其电荷量 q 与作用力 F_z 成正比,即

$$q = b_{33}F_z$$

式中,d_{33} 为压电陶瓷的压电系数;F 为作用力。

压电陶瓷在受到沿 y 方向的作用力或沿 F_x 方向的作用力 F_x 时,在垂直于 z 轴的上、下平面上分别出现正、负电荷,其电荷量 q 与作用力 F_y,F_x 也成正比,即

$$q = d_{32}F_y \frac{A_z}{A_y} = d_{31}F_x \frac{A_z}{A_x}$$

式中,A_z 为极化面面积;A_x,A_y 为受力面面积;d_{32},d_{31} 为压电陶瓷的横向压电系数。

压电陶瓷的压电系数比石英晶体的大得多,所以采用压电陶瓷制作的压电式传感器的灵敏度较高。极化处理后的压电陶瓷材料的剩余极化强度和特性与温度有关,它的参数也随时间变化,从而使其压电特性减弱。

最早使用的压电陶瓷材料是钛酸钡($BaTiO_3$)。它是由碳酸钡和二氧化钛按 1∶1 摩尔分子比例混合后烧结而成的。它的压电系数约为石英的 50 倍,但居里点温度只有 115℃,使用温度不超过 70℃,温度稳定性和机械强度都不如石英。

二、压电材料

明显呈现压电效应的敏感功能材料叫压电材料,压电材料可以分为两大类:无机压电材料和有机压电材料。

1.无机压电材料

无机压电材料分为压电晶体和压电陶瓷,压电晶体一般是指压电单晶体;压电陶瓷则泛指压电多晶体。压电陶瓷是指用必要成份的原料进行混合、成型、高温烧结,由粉粒之间的固相反应和烧结过程而获得的微细晶粒无规则集合而成的多晶体。具有压电性的陶瓷称压电陶瓷,实际上也是铁电陶瓷。在这种陶瓷的晶粒之中存在铁电畴,铁电畴由自发极化方向反向平行的180畴和自发极化方向互相垂直的90畴组成,这些电畴在人工极化(施加强直流电场)条件下,自发极化依外电场方向充分排列并在撤消外电场后保持剩余极化强度,因此具有宏观压电性。如:钛酸钡 BT、锆钛酸铅 PZT、改性锆钛酸铅、偏铌酸铅、铌酸铅钡锂 PBLN、改性钛酸铅 PT 等。这类材料的研制成功,促进了声换能器,压电传压电材料感器的各种压电器件性能的改善和提高。

压电晶体一般指压电单晶体,是指按晶体空间点阵长程有序生长而成的晶体。这种晶体结构无对称中心,因此具有压电性。如水晶(石英晶体)、镓酸锂、锗酸锂、锗酸钛以及铁晶体管铌酸锂、钽酸锂等。

压电晶体:

(1) 石英晶体。石英(SiO_2)是一种具有良好压电特性的压电晶体。其介电常数和压电系数的温度稳定性相当好,在常温范围内这两个参数几乎不随温度变化,如图 6-1-6 和图 6-1-7 所示。

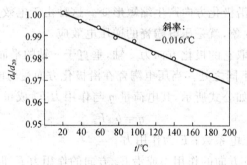

图 6-1-6　石英的 d_{11} 系数相对于 20℃的 d_{11} 温度变化特性

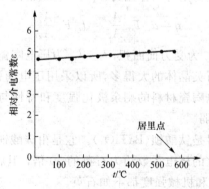

图 6-1-7　石英在高温下相对介电常数的温度特性

由图 6-1-6 所示，在 20℃～200℃ 范围内，温度每升高 1℃，压电系数仅减少 0.016%。但是当到 573℃ 时，它完全失去了压电特性，这就是它的居里点。

石英晶体的突出优点是性能非常稳定，机械强度高，绝缘性能也相当好。但石英材料价格昂贵，且压电系数比压电陶瓷低得多。因此一般仅用于标准仪器或要求较高的传感器中。

因为石英是一种各向异性晶体，因此，按不同方向切割的晶片，其物理性质（如弹性、压电效应、温度特性等）相差很大。在设计石英传感器时，根据不同使用要求正确地选择石英片的切型。

（2）水溶性压电晶体。属于单斜晶系的有酒石酸钾钠（$NaKC_4H_4O_6 \cdot 4H_2O$），酒石酸乙烯二铵（$C_4H_4N_2O_6$，简称 EDT），酒石酸二钾（$K_2C_2H_4O_6 \cdot H_2O$，简称 DKT），硫酸锂（$Li_2SO_4 \cdot H_2O$）。属于正方晶系的有磷酸二氢钾（KH_2PO_4，简称 KDP），磷酸二氢铵（$NH_4H_2PO_4$，简称 ADP），砷酸二氢钾（KH_2AsO_4，简称 KDA），砷酸二氢铵（$NH_4H_2AsO_4$，简称 ADA）。

压电陶瓷：

（1）钛酸钡压电陶瓷。钛酸钡（$BaTiO_3$）是由碳酸钡（$BaCO_3$）和二氧化钛（TiO_2）按 1:1 分子比例在高温下合成的压电陶瓷。

它具有很高的介电常数和较大的压电系数（约为石英晶体的 50 倍）。不足之处是居里温度低（120℃），温度稳定性和机械强度不如石英晶体。

（2）锆钛酸铅系压电陶瓷（PZT）。锆钛酸铅是由 $PbTiO_3$ 和 $PbZrO_3$ 组成的固熔体 $Pb(Zr,Ti)O_3$。它与钛酸钡相比，压电系数更大，居里温度在 300℃ 以上，各项机电参数受温度影响小，时间稳定性好。此外，在锆钛酸中添加一种或两种其他微量元素（如铌、锑、锡、锰、钨等）还可以获得不同性能的 PZT 材料。因此锆钛酸铅系压电陶瓷是目前压电式传感器中应用最广泛的压电材料。

（3）压电聚合物。聚二氟乙烯（PVF_2）是目前发现的压电效应较强的聚合物薄膜，这种合成高分子薄膜就其对称性来看，不存在压电效应，但是它们具有"平面锯齿"结构，存在抵消不了的偶极子。经延展和拉伸后可以使分子链轴成规则排列，并在与分子轴垂直方向上产生自发极化偶极子。当在膜厚方向加直流高压电场极化后，就可以成为具有压电性能的高分子薄膜。这种薄膜有可挠性，并容易制成大面积压电元件。这种元件耐冲击、不易破碎、稳定性好、频带宽。为提高其压电性能还可以掺入压电陶瓷粉末，制成混合复合材料（PVF_2—PZT）。

（4）压电半导体材料，如 ZnO，CdS，ZnO，CdTe，这种力敏器件具有灵敏度高，响应时间短等优点。此外用 ZnO 作为表面声波振荡器的压电材料，可测取力和温度等参数。

（5）铌酸盐系压电陶瓷。相比较而言，压电陶瓷压电性强、介电常数高、可以加工成任意形状，但机械品质因子较低、电损耗较大、稳定性差，因而适合于大功率换能器和宽带滤波器等应用，但对高频、高稳定应用不理想。石英等压电单晶压电性弱，介电常数很低，受切型限制存在尺寸局限，但稳定性很高，机械品质因子高，多用来作标准频率控制的振子、高选择性（多属高频狭带通）的滤波器以及高频、高温超声换能器等。近来由于铌镁酸铅 $Pb(Mg1/3Nb2/3)O_3$ 单晶体（$Kp \geqslant 90\%$，$d_{33} \geqslant 900 \times 10-3C/N$，$\varepsilon \geqslant 20\ 000$）性能特异，国内外上都开始这种材料的研究，但由于其居里点太低，离使用尚有一段距离。

2. 有机压电材料

有机压电材料又称压电聚合物，如偏聚氟乙烯（PVDF）（薄膜）及其他为代表的其他有机压电（薄膜）材料。这类材料及其材质柔韧，低密度，低阻抗和高压电电压常数（g）等优点为世人瞩目,且发展十分迅速,现在水声超声测量,压力传感,引燃引爆等方面获得应用。不足之处是压电应变常数(d)偏低,使之作为有源发射换能器受到很大的限制。

第三类是复合压电材料,这类材料是在有机聚合物基底材料中嵌入片状、棒状、杆状、或粉末状压电材料构成的。至今已在水声、电声、超声、医学等领域得到广泛的应用。如果它制成水声换能器,不仅具有高的静水压响应速率,而且耐冲击,不易受损且可用与不同的深度。

压电材料的主要特性参数:

(1)压电常数:压电常数是衡量材料压电效应强弱的参数,它直接关系到压电输出的灵敏度。

(2)弹性常数:压电材料的弹性常数、刚度决定着压电器件的固有频率和动态特性。

(3)介电常数:对于一定形状、尺寸的压电元件,其固有电容与介电常数有关;而固有电容又影响着压电传感器的频率下限。

(4)机械耦合系数:在压电效应中,其值等于转换输出能量(如电能)与输入的能量(如机械能)之比的平方根;它是衡量压电材料机电能量转换频率的一个重要参数。

(5)电阻压电材料的绝缘电阻将减少电荷泄露,从而改善压电传感器的低频特性。

(6)居里点压电材料开始丧失压电特性的温度称为居里点。

压电材料应具备下述主要特性:

①转换性能。要求具有较大的压电常数。

②机械性能。机械强度高、刚度大。

③电性能。高电阻率和大介电常数。

④环境适应性。温度和湿度稳定性要好,要求具有较高的居里点,获得较宽的工作温度范围。

⑤时间稳定性。要求压电性能不随时间变化。

 知识链接

新型压电材料:

1. 压电半导体材料

压电半导体材料有 ZnO,CdS,ZnO,CdTe 等,这种力敏器件具有灵敏度高,响应时间短等优点。此外用 ZnO 作为表面声波振荡器的压电材料,可检测力和温度等参数。

2. 高分子压电材料

某些合成高分子聚合物薄膜经延展拉伸和电场极化后,具有一定的压电性能,这类薄膜称为高分子压电薄膜。目前出现的压电薄膜有聚二氟乙烯 PVF2、聚氟乙烯 PVF、聚氯乙烯 PVC、聚 γ 甲基－L 谷氨酸脂 PMG 等。高分子压电材料是一种柔软的压电材料,不易破碎,可以大量生产和制成较大的面积。

项目二 压电式传感器的等效电路与测量电路

（1）了解压电传感器的等效电路；

（2）了解压电式传感器的测量电路。

相 关 理 论

等效电路是当压电晶体承受应力作用时，在它的两个极面上出现极性相反但电量相等的电荷。故可把压电传感器看成一个电荷源与一个电容并联的电荷发生器。测量电路是由于压电式传感器的输出电信号很微弱，通常先把传感器信号先输入到高输入阻抗的前置放大器中，经过阻抗交换以后，方可用一般的放大检波电路再将信号输入到指示仪表或记录器中（其中，测量电路的关键在于高阻抗输入的前置放大器）。

一、压电传感器的等效电路

压电传感器中的压电晶体承受被测机械力的作用时，在它的两个极板面上出现极性相反但电量相等的电荷。显然可以把压电传感器看成一个静电发生器，显然也可以把它视为一个极板上聚集正电荷，一个极板上聚集负电荷，中间为绝缘体的电容，其电容量为

$$C_a = \frac{\varepsilon_r \varepsilon_o A}{d}$$

式中，A 为压电片的面积；d 为压电片的厚度；ε_r 为压电材料的相对介电常数。

压电元件电荷 Q 的开路电压 U 可等效为电源与电容串联或等效为一个电荷源 Q 和电容 C_a 并联，如图 6-2-1 所示。

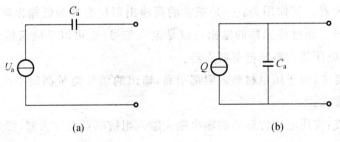

(a)   (b)

图 6-2-1　等效电路

电容器上的电压 U_a、电荷量 q 和电容量 C_a 三者关系为

$$U_a = \frac{q}{C_a}$$

压电传感器可以等效为一个电荷源与一个电容并联。压电传感器也可以等效为一个与电容相串联的电压源。由等效电路可知，只有传感器内部信号电荷无"漏损"，外电路负载无穷大时，压电传感器受力后的电压或电荷才能长期保存下来，否则电路将以某时间常数按指数规律

放电,这对于静态标定以及低频准静态测量极为不利,必然带来误差。事实上,传感器内部不可能没有泄漏,外电路负载也不可能无穷大,只有外力以较高频率不断地作用,传感器的电荷才能得以补充,从这个意义上讲,压电晶体不适合于静态测量。

压电传感器在实际使用时总要与测量仪器或测量电路相连接,因此还需考虑连接电缆的等效电容 C_c,放大器的输入电阻 R_i,输入电容 C_i 以及压电传感器的泄漏电阻 R_a。这样,压电传感器在测量系统中的实际等效电路,如图 6-2-2 所示。

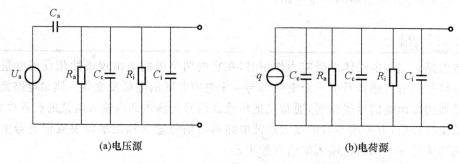

(a)电压源   (b)电荷源

图 6-2-2 压电传感器的实际等效电路

压电式传感器的灵敏度有两种表示方式:单位力的电压或单位力的电荷。前者称为电压灵敏度 K_u,后者称为电荷灵敏度 K_q,它们之间可以通过压电元件(或传感器)的电容 C_a 联系起来,即

$$K_u = \frac{K_q}{C_a} \quad \text{或} \quad K_q = K_u C_a$$

二、压电式传感器的测量电路

压电传感器本身的内阻抗很高,而输出能量较小,因此它的测量电路通常需要接入一个高输入阻抗前置放大器。其作用为:一是把它的高输出阻抗变换为低输出阻抗;二是放大传感器输出的微弱信号。压电传感器的输出可以是电压信号,也可以是电荷信号,因此前置放大器也有两种形式:电压放大器和电荷放大器。

测量电路的要求:由于压电材料内阻都很高,输出的信号能量都很小,这就要求测量电路的输入电阻应非常大。

测量电路构成:在压电式传感器的输出端先输入阻抗的前置放大器,然后再接入一般放大电路。前置放大器有两个作用:

(1)放大传感器输出的微弱信号;

(2)将传感器的高阻抗输出变换为低阻抗输出。

前置放大器种类:前置放大器也有电压型和电荷型两种形式。目前使用较多的是电荷放大器。当放大器的开环增益足够大时,其输出电压为

$$U_{sc} = -\frac{q}{C_f}$$

优点:放大器输出电压只与传感器的电荷量及反馈电容有关。无需考虑电缆的电容,这为

远距离测试提供了很大的方便,这也是电荷放大器最突出的优点。

电荷放大器常作为压电传感器的输入电路,由一个反馈电容 C_f 和高增益运算放大器构成,如图6-2-3所示。由于运算放大器输入阻抗极高,放大器输入端几乎没有分流,故可略去 R_a 和 R_i 并联电阻。

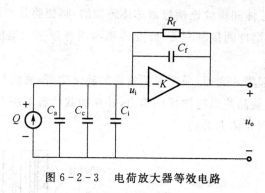

图 6-2-3 电荷放大器等效电路

由运算放大器基本特性,可求出电荷放大器的输出电压

$$u_o = \frac{-Aq}{C_a + C_c + C_i + (1+A)C_f}$$

通常 A 足够大时,因此,当满足 $(1+A)C_f \gg C_a + C_c + C_i$ 时,上式可表示为

$$u_o \approx -\frac{q}{C_f}$$

由此可见,电荷放大器的输出电压 u_o 只取决于输入电荷与反馈电容 C_f,与电缆电容无关,且与 q 成正比,这是电荷放大器的最大特点。为了得到必要的测量精度,要求反馈电容 C_f 的温度和时间稳定性都很好,在实际电路中,考虑到不同的量程等因素,C_f 的容量做成可选择的,范围一般为 $100 \sim 104pF$。

项目三 压电式传感器的结构与应用

学 习 任 务

(1)掌握压电式压力传感器的结构;

(2)了解高分子压电材料的应用。

相 关 理 论

压电陶瓷多制成片状,称为压电片。压电片通常是两片(或两片以上)粘结在一起,一般常用的是并联接法。其总面积是单片的两倍,极板上的总电荷 Q 并为单片电荷 Q 的两倍。

一、压电式压力传感器的结构

常用的压电式压力传感器是膜片型结构,膜片可采用图 6-3-1 所示结构。常用材料有石英晶体和压电陶瓷,尤其石英晶体稳定性好。

膜片型的压电式压力传感器结构紧凑,轻便全密封,端(膜片及传力块)动态质量小,具有较高的谐振频率。

这种结构的压力传感器,具有较高的灵敏度和分辨率,利于小型化。其缺点是压电晶片的预压紧力是通过外壳与芯体间螺纹连接拧紧芯体施加的,将使膜片产生弯曲,造成线性与动态特性变差;还直接影响各组件间接触刚度,改变传感器固有频率。温度变化时,膜片变形量变化,压紧力也变化。

为消除预加载时引起膜片变形,采用了预紧筒加载结构,预紧筒是一个薄壁厚底的金属圆筒,通过拉紧预紧筒对石英晶片组施加预压紧力,并在加载状态下用电子束将预紧筒与芯体焊成一体。膜片是后焊接到壳体上去的。

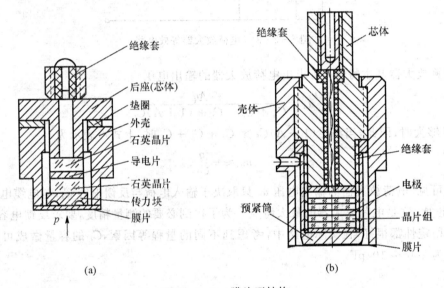

图 6-3-1 膜片型结构

二、高分子压电材料的应用

压电式压力传感器的动态测量范围很宽,频响特性好,能测量准静态的压力和高频变化的动态压力。除此之外,还具有结构坚实、强度高、体积小、质量轻、耐高温、使用寿命长等优点。因此广泛应用于内燃机的气缸、油管、进排气管的压力测量。在航空上的应用更有它特殊的作用,例如在高超音速脉冲风洞中,用它来测量风洞的冲激波压力;在飞机上,用它来测量发动机燃烧室的压力。

压电式压力传感器在军事工业上的应用范围也很广。例如,用它来测量枪(炮)弹在膛中击发一瞬间的膛压变化,以及炮口的冲击波压力等。目前普遍采用的美国陆军测试标准中的火炮膛压测量,使用的就是压电式压力传感器。

1. 玻璃打碎报警装置

检测原理:它利用压电元件对振动敏感的特性来感知玻璃受撞击和破碎时产生的振动波。

传感器把振动波转换成电压输出,输出电压经放大、滤波、比较等处理后提供给报警系统。

检测时传感器用胶粘贴在玻璃上,然后通过电缆和报警电路相连。带通滤波使玻璃振动频率范围内的输出电压信号通过,其他频段的信号滤除。

比较器作用是当传感器输出信号高于设定的阈值时,输出报警信号,驱动报警执行机构工作。如进行声光报警。图6-3-2为压电式玻璃破碎报警电路框图。

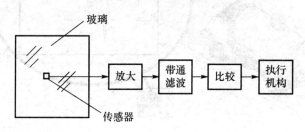

图6-3-2　压电式玻璃破碎报警电路框图

2.压电式周界报警系统

将长的压电电缆埋在泥土的浅表层,可起分布式地下麦克风或听音器的作用,可在几十米范围内探测人的步行,对轮式或履带式车辆也可以通过信号处理系统分辨出来。

3.交通监测

将高分子压电电缆埋在公路上,可以获取车型分类信息(包括轴数、轴距、轮距、单双轮胎)、车速监测、收费站地磅、闯红灯拍照、停车区域监控、交通数据信息采集(道路监控)及机场滑行道等。

将两根高分子压电电缆相距若干米,平行埋设于柏油公路的路面下约5cm,可以用来测量车速及汽车的载重量,并根据存储在计算机内部的档案数据,判定汽车的车型,如图6-3-3所示。

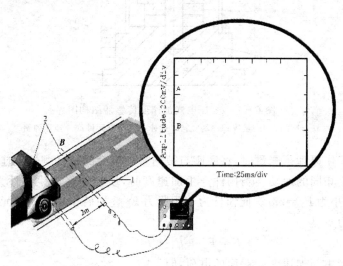

图6-3-3　高分子压电电缆的应用演示

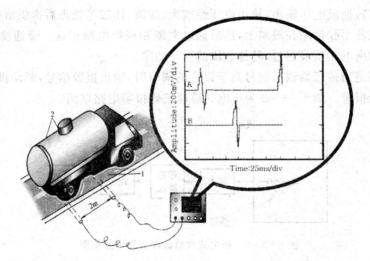

续图 6-3-3　高分子压电电缆的应用演示

4.压电式加速度传感器

该传感器的结构是压电片用高压电系数的压电陶瓷制成。两个压电片并联。质量块用高比重的金属块,对压电元件施加预载荷。

图 6-3-4 中它主要由压电元件、质量块、预压弹簧、基座及外壳等组成。整个部件装在外壳内,并用螺栓加以固定。

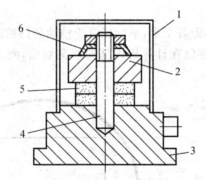

图 6-3-4　压电式加速度传感器结构图
1—外壳;2—质量块;3—基底;4—螺栓;5—压电元件;6—预压弹簧

该传感器的工作原理是测量时,将底座与被测量加速度的构件刚性地连接在一起,使质量块感受与构件完全相同的运动。当构件产生加速度时,质量块将产生惯性力 F_1,其方向与加速度方向相反,大小为 $F_1 = ma$。此惯性力与预紧力 F_0 叠加后作用在压电元件上,使得作用在压电元件上的压力 F 为

$$F = F_0 + F_1 + F_0 + ma$$

压电元件上产生与加速度 a 对应的电荷,即

$$Q = d_{11}F = d_{11}(F_0 + ma)$$

5.压电式测力传感器

传感器上盖为穿力元件,当外力作用时,它将产生弹性变形,将力传递到石英晶片上。两

片石英晶体采用并联方式,一根引线两压电片中间的金属片上,另一端直接与上盖相接。利用其纵向压电效应,实现力－电转换,如图6-3-5所示为压电式单向测力传感器结构图。电信号通过接头输出,可测动态力。

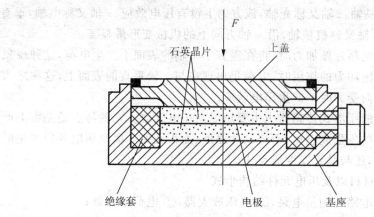

图6-3-5　压电式单向测力传感器结构图

6.压电式金属加工切削力测量

由于压电陶瓷元件的自振频率高,特别适合测量变化剧烈的载荷。图6-3-6中压电传感器位于车刀前部的下方,当进行切削加工时,切削力通过刀具传给压电传感器,压电传感器将切削力转换为电信号输出,记录下电信号的变化便测得切削力的变化。

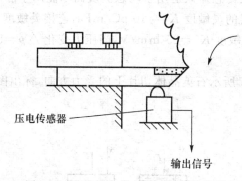

图6-3-6　压电式金属加工传感器图

 知识链接

电容式真空压力传感器

E＋H公司的电容式压力传感器是由一块基片和厚度为$0.8 \sim 2.8$mm的氧化铝(Al_2O_3)构成,其间用一个自熔焊接圆环钎焊在一起。该环具有隔离作用,不需要温度补偿,可以保持长期测量的可靠性和持久的精度。测量方法采用电容原理,基片上一电容C_P位于位移最大的膜片的中央,而另一参考电容C_R位于膜片的边缘,由于边缘很难产生位移,电容值不发生变化,C_P的变化则与施加的压力变化有关,膜片的位移和压力之间的关系是线性的。遇到过载时,膜片贴在基片上不会被破坏,无负载时会立刻返回原位无任何滞后,过载量可以达到

100%，即使是破坏也不会泄漏任何污染介质。因此具有广泛的应用前景。

● 单 元 提 炼 ────────────────────────────────────→

1.石英晶体有3个晶轴：z轴又称光轴，该方向上没有压电效应；x轴又称电轴，垂直于x轴的晶面上压电最显著；y轴又称机械轴，沿y轴方向上的机械变形最显著。

2.当沿着x轴对压电晶片施加力时，将在垂直于x轴的表面上产生电荷，这种现象称为纵向压电效应。沿着y轴施加力的作用时，电荷仍出现在与x轴垂直的表面上，这称之为横向压电效应。当沿着z轴方向受力时不产生压电效应。

3.用石英晶体制作的压电式传感器中主要用纵向压电效应。它的特点是晶面上产生的电荷密度与作用在晶体上的压强成正比，而与晶片厚度、面积无关。横向压电效应产生的电荷密度除了与压强成正比外，还与晶片厚度成反比。

4.压电效应、压电材料以及压电元件结构形式。

5.压电传感器等效电路与测量电路，① 电压放大器，② 电荷放大器；

6.压电传感器的几种应用。

● 单 元 练 习 ────────────────────────────────────→

6.1 什么是压电效应？以石英晶体为例说明压电晶体是怎样产生压电效应的。

6.2 常用的压电材料有哪些？备有什么特点？

6.3 为什么说压电式传感器只适用于动态测量而不能用于静态测量？

6.4 一压电式传感器的灵敏度$K_1 = 10$ pC/mPa，连接灵敏度$K_2 = 0.008$ V/pC 的电荷放大器，所用的记录仪的灵敏度$K_3 = 25$ mm/V，当压力变化$\triangle p = 8$mPa 时，记录仪的测量头在记录纸上的偏移为多少？

6.5 根据如图 6-3-7 所示石英晶体切片上的受力方向，标出图(b)(c)(d)石英晶体切片上产生电荷的符号。

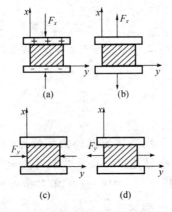

图 6-3-7 石英晶体切片的受力示意图

6.6 试述压电式加速度传感器的工作原理。

6.7 利用压电式传感器设计一个测量轴承座反力的装置。

第七单元 热电式传感器

温度是表征物体冷热程度的物理量。它反映物体内部各分子运动平均动能的大小。温度可以利用物体的某些物理性质(电阻、电势等)随着温度变化的特征进行测量。

热力学第零定律告诉我们:当物体处于热平衡时,相互之间没有净热流,它们具有共同的温度;如果相互间有热流,则热量从高温物体流向低温物体。

分子运动论对温度概念也有阐述。温度高低反映了分子平均动能的大小。但是,当温度很低时,分子运动论就失效了。对于像由电子等量子组成的系统,当温度趋于绝对零度时,电子的运动速度仍达 10^8 m/s,此时必须要用统计物理学的知识来解释温度。

由两个物体构成的闭合系统,当它们处于热平衡时,其熵达到极大值。设物体 1 的能量和熵分别为 U_1 和 S_1,物体 2 的能量和熵分别为 U_2 和 S_2,则系统总的能量 U 和熵 S 分别为 $U = U_1 + U_2$, $S = S_1 + S_2$。

因为系统的熵与状态数有关,所以物体温度的高低反映了该系统的状态分布。根据这一定义,就可以很好地解释绝对零度、负温度等概念。

热电式传感器是一种将温度变化转换为电量变化的装置。它利用传感元件的电磁参数随温度变化的特征来达到测量的目的。通常将被测温度转换为敏感元件的电阻、磁导或电势等的变化,通过适当的测量电路,就可由电压、电流这些电参数的变化来表达所测温度的变化。

将温度转换为电势大小的热电式传感器叫热电偶;将温度转换为电阻值大小的热电式传感器叫做热电阻。

项目一 热电阻、热敏电阻传感器

学 习 任 务

(1)掌握热电阻传感器;
(2)掌握热敏电阻;

相 关 理 论

热电阻测温是基于金属导体的电阻值随温度的增加而增加这一特性来进行温度测量的。热电阻大都由纯金属材料制成,目前应用最多的是铂和铜,此外,现在已开始采用镍、锰和铑等材料制造热电阻。

热电阻传感器主要是利用电阻值随温度变化而变化这一特性来测量温度及与温度有关的

参数。在温度检测精度要求比较高的场合,这种传感器比较适用。目前较为广泛的热电阻材料为铂、铜、镍等,它们具有电阻温度系数大、线性好、性能稳定、使用温度范围宽、加工容易等特点。用于测量—200℃～+850℃范围内的温度。

一、热电阻传感器

热电阻传感器是利用导体的电阻值随温度变化而变化的原理进行测温的。热电阻广泛用来测量—200～850℃范围内的温度,少数情况下,低温可测量至1K,高温达1000℃。标准铂电阻温度计的精确度高,作为复现国际温标的标准仪器。绝大多数金属具有正温度系数,即温度高,电阻大。利用此规律做成的传感器成为"热电阻"。制造热电阻的金属材料满足要求:

(1)电阻温度系数大,且电阻随温度单值变化,具有线性;

(2)热容量小;

(3)电阻率尽量大;

(4)物理化学性质稳定;

(5)易获得较纯物质,材料复制性好,价格便宜。

1. 铂热电阻

铂热电阻的特点是精度高、稳定性好、性能可靠,所以在温度传感器中得到了广泛应用。按IEC标准,铂热电阻的使用温度范围为—200～850℃。铂热电阻的特性方程为:在—200～0℃的温度范围内:

$$R_t = R_0[1 + At + Bt^2 + Ct^3(t-100)]$$

在0～850℃的温度范围内:

$$R_t = R_0(1 + At + Bt^2)$$

在ITS-90中,这些常数规定为:

$$A = 3.97 \times 10^{-13}/℃$$
$$B = -5.85 \times 10^{-7}/℃^2$$
$$C = -4.22 \times 10^{-12}/℃^4$$

可见:热电阻在温度t时的电阻值与0℃时的电阻值R_0有关。

其电阻与温度的关系为

$R_t = R_0(1 + At + Bt^2 + Ct^3)$,$A,B,C$为常数

$A = 3.96847 \times 10^{-3}(℃^{-1})$,$B = 5.847 \times 10^{-7}(℃^{-2})$,$C = -4.22 \times 10^{-12}(℃^{-3})$

铂热电阻传感器工作原理为:热电阻是利用物质在温度变化时,其电阻也随着发生变化的特征来测量温度的。当阻值变化时,工作仪表便显示出阻值所对应的温度值。热电阻传感器主要是利用电阻值随温度变化而变化这一特性来测量温度及与温度有关的参数。在温度检测精度要求比较高的场合,这种传感器比较适用。热电阻传感器分为以下两类:

(1)NTC热电阻传感器。该类传感器为负温度系数传感器,即传感器阻值随温度的升高而减小。

(2)PTC热电阻传感器。该类传感器为正温度系数传感器,即传感器阻值随温度的升高而增大。

热电阻传感器又可分为金属热电阻传感器、半导体热电阻传感器两种,工业上常用的是金属热电阻传感器,金属热电阻的材料要求:电阻温度系数要大,以提高热电阻的灵敏度;电阻率

尽可能大,以便减小电阻体尺寸;热容量要小,以便提高热电阻的响应速度;在测量范围内,应具有稳定的物理和化学性能;电阻与温度的关系最好接近于线性;应有良好的可加工性,且价格便宜。使用最广泛的热电阻材料是铂和铜。

目前较为广泛的金属热电阻材料为铂、铜、镍等,它们具有电阻温度系数大、线性好、性能稳定、使用温度范围宽、加工容易等特点。用于测量 $-200 \sim +850℃$ 范围内的温度。

铂热电阻是一种精度高、灵敏度高的传感器,其线性温度值优于其他电阻式热传感器,性能稳定,可靠性高。长时间稳定的复现性可达 10^{-4} K,是目前测温复现性最好的一种温度计。铂热电阻的精度与铂的提纯程度有关,电阻比:

$$W(100) = R_{100}/R_0$$

$W(100)$ 越高,表示铂丝纯度越高,国际实用温标规定,作为基准器的铂电阻,$W(100) \geqslant 1.3925$ 目前,技术水平已达到 $W(100) = 1.3930$,工业用铂电阻的纯度 $W(100)$ 为 $1.387 \sim 1.390$。

铂丝的电阻值与温度之间的关系,即特性方程如下:

当温度 t 在 $-200℃ \leqslant t \leqslant 0℃$ 时,有

$$R_t = R_0 [1 + At + Bt^2 + C(t - 100)t^3]$$

当温度 t 在 $0℃ \leqslant t \leqslant 650℃$ 时,有

$$R_t = R_0 (1 + At + Bt^2)$$

一般铂热电阻产品分为小型电机用铂热电阻传感器、大型电机用铂热电阻传感器、高压电机用铂热电阻传感器与轴承用铂热电阻传感器。产品安装简便,与 KLB 智能型温度控制仪配合使用可直接显示电机的线圈及轴承的实际工作原理。

铂热电阻传感器的分类:铂热电阻传感器的分度号有 2 种,分别是 Pt100 与 Pt1000。它们指当环境温度为 0℃ 时的阻值。如 Pt100 是 100Ω,Pt1000 是 1000Ω。

铂热电阻传感器的结构如图 7-1-1 所示。

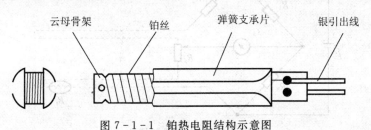

云母骨架　　　铂丝　　　弹簧支承片　　　银引出线

图 7-1-1　铂热电阻结构示意图

铂热电阻传感器的信号连接:热电阻是把温度变化转换为电阻值变化的一次元件,通常需要把电阻信号通过引线传递到计算机控制装置或者其他一次仪表上。工业用热电阻安装在生产现场,与控制室之间存在一定的距离,因此热电阻的引线对测量结果会有较大的影响。

目前热电阻的引线主要有以下 3 种方式。

二线制:在热电阻的两端各连接一根导线来引出电阻信号的方式叫二线制。这种引线方法很简单,但由于连接导线必然存在引线电阻 r,r 大小与导线的材质和长度的因素有关,因此这种引线方式只适用于测量精度较低的场合。

三线制:在热电阻的根部的一端连接一根引线,另一端连接两根引线的方式称为三线制,这种方式通常与电桥配套使用,可以较好的消除引线电阻的影响,是工业过程控制中的最常

用的。

四线制:在热电阻的根部两端各连接两根导线的方式称为四线制,其中两根引线为热电阻提供恒定电流I,把R转换成电压信号U,再通过另两根引线把U引至二次仪表。可见这种引线方式可完全消除引线的电阻影响,主要用于高精度的温度检测。

热电阻采用三线制接法。采用三线制是为了消除连接导线电阻引起的测量误差。这是因为测量热电阻的电路一般是不平衡电桥。热电阻作为电桥的一个桥臂电阻,其连接导线(从热电阻到中控室)也成为桥臂电阻的一部分,这一部分电阻是未知的且随环境温度变化,造成测量误差。采用三线制,将导线一根接到电桥的电源端,其余两根分别接到热电阻所在的桥臂及与其相邻的桥臂上,这样消除了导线线路电阻带来的测量误差。工业用热电阻一般采用三线制接法如图7-1-2所示。

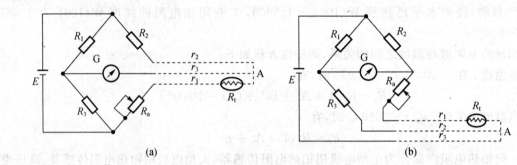

图7-1-2 三线制接法
G—检流计;R_1,R_2,R_3—固定电阻;R_a—零位调节电阻;R_t—热电阻

精密测量用四线制,接法如图7-1-3所示。

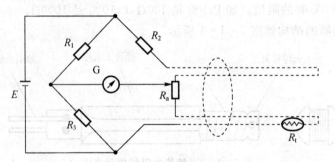

图7-1-3 四线制接法
G—检流计;R_1,R_2,R_3—固定电阻;R_a—零位调节电阻;R_t—热电阻

铂热电阻传感器的主要有以下性能。

(1)稳定性。在200℃时恒温状态下,工作300小时后,0℃时误差为0.008Ω(0.02℃)之内。

(2)自热测试。将Pt100传感器放在冰水混合物中,同时使Pt100通入1mA电流,此时电阻值增量:1mA时为0.02Ω(约0.05℃)

(3)等级允差见表7-1-1。

表 7-1-1 等级允差

温度/℃	阻值/Ω	A 级		B 级	
		℃	Ω	℃	Ω
−100	60.25	±0.35	±0.14	±0.8	±0.32
0	100	±0.15	±0.06	±0.3	±0.012
100	138.51	±0.35	±0.14	±0.8	±0.30
200	175.86	±0.55	±0.20	±1.3	±0.48
250	194.10	±0.695	±0.23	±1.58	±0.55
300	212.05	±0.75	±0.27	±1.8	±0.64

(4)目前我国规定工业用铂热电阻有 $R_0 = 10\Omega$ 和 $R_0 = 100\Omega$ 两种,它们的分度号分别为 Pt10 和 Pt100,其中以 Pt100 为常用。铂热电阻不同分度号亦有相应分度表,即 $R_t - t$ 的关系表,这样在实际测量中,只要测得热电阻的阻值 R_t,便可从分度表上查出对应的温度值,见表 7-1-2。

表 7-1-2 Pt100 分度表

温 度	0	10	20	30	40	50	60	70	80	90	100
阻值	100.0	103.9	107.7	111.6	115.5	119.4	123.2	127.0	130.9	134.7	138.5
温 度	110	120	130	140	150	160	170	180	190	200	
阻值	142.2	146.0	149.8	153.8	157.8	164.0	164.7	168.4	172.1	175.8	

注:Pt100 的阻值为上表中阻值 $R \times 10$ 即可。

2. 铜热电阻

在一些测量精度要求不高且温度较低的场合,可采用铜热电阻进行测温,它的测量范围为 −50～150℃。

铜热电阻在测量范围内其电阻值与温度的关系几乎是线性的,可近似地表示为

$$R_t = R_0(1 + \alpha t)$$

$$\alpha = 4.28 \times 10^{-3}/℃$$

两种分度号:

Cu50($R_0 = 50\Omega$)和 Cu100($R_0 = 100\Omega$)。

铜热电阻的特点:铜热电阻的电阻温度系数较大、线性性好、价格便宜。

铜热电阻的缺点:电阻率较低,电阻体的体积较大,热惯性较大,稳定性较差,在 100℃ 以上时容易氧化,因此只能用于低温及没有浸蚀性的介质中。

二、热敏电阻

热敏电阻是利用半导体(某些金属氧化物如 NiO,MnO_2,CuO,TiO_2)的电阻值随温度显著变化这一特性制成的一种热敏元件,其特点是电阻率随温度而显著变化。一般测温范围:一

$50\sim+300℃$。

热敏电阻特点：①电阻温度系数大，灵敏度高；②结构简单；③电阻率高，热惯性小；④阻值与温度变化呈非线性；⑤稳定性和互换性较差。

热敏电阻的电阻—温度特性：

大多数：负温度系数。热敏电阻在不同值时的电阻—温度特性，温度越高，阻值越小，且有明显的非线性。NTC 热敏电阻具有很高的负电阻温度系数，特别适用于：$-100\sim+300℃$之间测温。

PTC 热敏电阻的阻值随温度升高而增大，且有斜率最大的区域，当温度超过某一数值时，其电阻值朝正的方向快速变化。其用途主要是彩电消磁、各种电器设备的过热保护等。

CTR 也具有负温度系数，但在某个温度范围内电阻值急剧下降，曲线斜率在此区段特别陡，灵敏度极高。主要用作温度开关。

各种热敏电阻的阻值在常温下很大，不必采用三线制或四线制接法，给使用带来方便。

 知识链接

目的多通道温度测定仪及铂热电阻传感器在血站冷链中的广泛采用，主要是应用温度偏差、温度均匀度、温度波动度 3 项指标来衡量冷链中贮血设备的状态，确保血液的安全贮存从而保证血站冷链的有效性。方法是应用多通道温度测定仪及铂热电阻传感器对血站冷链设备进行温度测定，对测定数据进行分析及评价。在相关研究中发现$-40℃$低温冰箱、$4℃$贮血冰箱、血小板保存箱、细菌培养仪的温度偏差分别为$-0.4℃$，$-0.5℃$，$0.6℃$，$-0.5℃$；温度均匀度分别为$0.5℃$，$0.4℃$，$1.3℃$，$0.6℃$；温度波动度分别为$\pm0.1℃$，$\pm0.1℃$，$\pm0.4℃$，$\pm0.2℃$。结论除血小板保存箱的温度均匀度（$1.3℃$）超过技术要求（$1.0℃$）以外，其他冷链设备的各项指标均达到规定的技术要求。由此我们可以知道，通过应用多通道温度测定仪及铂热电阻传感器能够准确测定血站冷链设备的实际温度，应用温度偏差、温度均匀度、温度波动度三项指标能更好地衡量血站冷链设备的状态，为血液贮存的安全及血站冷链的有效性提供保证。

项目二　热电偶传感器

学习任务

（1）掌握热电偶工作原理；

（2）掌握接触电动势；

（3）掌握温差电动势；

（4）掌握热电偶回路热电势。

相关理论

热电偶传感器在温度测量中应用极为广泛，因为它结构简单、制造方便、测温范围宽、热惯性小、准确度高、输出信号便于远传。

一、热电偶工作原理

当由两种不同的导体或半导体 A 和 B 组成一个回路,其两端相互连接时(见图 7-2-1),只要两结点处的温度不同,一端温度为 T,称为工作端或热端,另一端温度为 T_0,称为自由端(也称参考端)或冷端,回路中将产生一个电动势,该电动势的方向和大小与导体的材料及两接点的温度有关。这种现象称为"热电效应",两种导体组成的回路称为"热电偶",这两种导体称为"热电极",产生的电动势则称为"热电动势"。

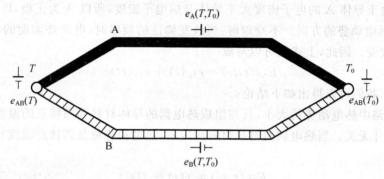

图 7-2-1 热电偶回路

热电动势由两部分电动势组成,一部分是两种导体的接触电动势,另一部分是单一导体的温差电动势。

当 A 和 B 两种不同材料的导体接触时,由于两者内部单位体积的自由电子数目不同(即电子密度不同),因此,电子在两个方向上扩散的速率就不一样。现假设导体 A 的自由电子密度大于导体 B 的自由电子密度,则导体 A 扩散到导体 B 的电子数要比导体 B 扩散到导体 A 的电子数大。所以导体 A 失去电子带正电荷,导体 B 得到电子带负电荷,于是,在 A,B 两导体的接触界面上便形成一个由 A 到 B 的电场。该电场的方向与扩散进行的方向相反,它将引起反方向的电子转移,阻碍扩散作用的继续进行。当扩散作用与阻碍扩散作用相等时,即自导体 A 扩散到导体 B 的自由电子数与在电场作用下自导体 B 到导体 A 的自由电子数相等时,便处于一种动态平衡状态。在这种状态下,A 与 B 两导体的接触处就产生了电位差,称为接触电动势。接触电动势的大小与导体的材料、接点的温度有关,与导体的直径、长度及几何形状无关。对于温度分别为 t 和 t_0 的两接点,可得下列接触电动势公式

$$e_{AB}(t) = U_{At} - U_{Bt} \qquad e_{AB}(t_0) = U_{At0} - U_{Bt0}$$

式中,$e_{AB}(t,)$,$e_{AB}(t_0)$ 为导体 A,B 在接点温度 t 和 t_0 时形成的电动势;U_{At},U_{At0} 分别为导体 A 在接点温度为 t 和 t_0 时的电压;U_{Bt},U_{Bt0} 分别为导体 B 在接点温度为 t 和 t_0 时的电压。

对于导体 A 或 B,将其两端分别置于不同的温度场 t,t_0 中($t > t_0$)。在导体内部,热端的自由电子具有较大的动能,向冷端移动,从而使热端失去电子带正电荷,冷端得到电子带负电荷。这样,导体两端便产生了一个由热端指向冷端的静电场。该电场阻止电子从热端继续跑到冷端并使电子反方向移动,最后也达到了动态平衡状态。这样,导体两端便产生了电位差,我们将该电位差称为温差电动势。温差电动势的大小取决于导体的材料及两端的温度,即

$$e_A(t,t_0) = U_{At} - U_{At0} \qquad e_B(t,t_0) = U_{Bt} - U_{Bt0}$$

式中，$e_A(t,t_0)$，$e_B(t,t_0)$为导体A和B在两端温度分别为t和t_0时形成的电动势。

导体A和B头尾相接组成回路，如果导体A的电子密度大于导体B的电子密度，且两接点的温度不相等，则在热电偶回路中存在着四个电势，即两个接触电动势和两个温差电动势。热电偶回路的总电动势为

$$E_{AB}(t,t_0) = e_{AB}(t) - e_{AB}(t_0) + e_A(t,t_0) - e_B(t,t_0)$$

实践证明，在热电偶回路中起主要作用的是接触电动势，温差电动势只占极小部分，可以忽略不计，故上式可以写成

$$E_{AB}(t,t_0) = e_{AB}(t) - e_{AB}(t_0)$$

上式中，由于导体A的电子密度大于导体B的电子密度，所以A为正极，B为负极。脚注AB的顺序表示电动势的方向。不难理解：当改变脚注的顺序时，电动势前面的符号（指正、负号）也应随之改变。因此，上式也可以写成

$$E_{AB}(t,t_0) = e_{AB}(t) + e_{BA}(t_0)$$

综上所述，我们可以得出如下结论：

热电偶回路中热电动势的大小，只与组成热电偶的导体材料和两接点的温度有关，而与热电偶的形状尺寸无关。当热电偶两电极材料固定后，热电动势便是两接点温度t和t_0的函数差。即

$$E_{AB}(t,t_0) = f(t) - f(t_0)$$

如果使冷端温度t_0保持不变，则热电动势便成为热端温度t的单一函数。即

$$E_{AB}(t,t_0) = f(t) - C = \varphi(t)$$

这一关系式在实际测温中得到了广泛应用。因为冷端t_0恒定，热电偶产生的热电动势只随热端（测量端）温度的变化而变化，即一定的热电动势对应着一定的温度。我们只要用测量热电动势的方法就可达到测温的目的。

二、接触电动势

当两种金属接触在一起时，由于不同导体的自由电子密度不同，在结点处就会发生电子迁移扩散。失去自由电子的金属呈正电位，得到自由电子的金属呈负电位。当扩散达到平衡时，在两种金属的接触处形成电势，称为接触电势。其大小除与两金属的性质有关外，还与结点温度有关。

接触电动势的数值取决于两种不同导体的材料特性和接触点的温度。

在温度为T时的接触电势为

$$e_{AB}(T) = \frac{kT}{e}\ln\frac{N_A}{N_B}$$

式中，$e_{AB}(T)$为A，B两种金属在温度T时的接触电动势；k为波尔兹曼常数，$k = 1.38 \times 10^{-23}$J/K；e为电子电荷，$e = 1.6 \times 10^{-19}$C；N_A、N_B为金属A，B的自由电子密度；T为节点处的绝对温度。

三、温差电动势

对于单一金属，如果两端的温度不同，则温度高端的自由电子向低端迁移，使单一金属两端产生不同的电位，形成电势，称为温差电势。其大小与金属材料的性质和两端的温差有关，

可表示为

$$e_A(T, T_0) = \int_{T0}^{T} \sigma_A dT$$

式中，$e_A(T, T_0)$ 为金属 A 两端温度分别为 T 与 T_0 时的温差电势；σ_A 为温差系数；T, T_0 为高、低温端的绝对温度。

机理：高温端的电子能量要比低温端的电子能量大，从高温端跑到低温端的电子数比从低温端跑到高温端的要多，结果高温端因失去电子而带正电，低温端因获得多余的电子而带负电，在导体两端便形成温差电动势。大小表示：

$$e_A(T, T_0), \quad e_B(T, T_0)$$

热电偶回路中产生的总热电势为

$$E_{AB}(T, T_0) = e_{AB}(T) + e_B(T, T_0) - e_{AB}(T_0) - e_A(T, T_0)$$

忽略温差电动势，热电偶的热电势可表示为

$$E_{AB}(t, t_0) = E_{AB}(t) - E_A(t, t_0) + E_B(t, t_0) - E_{AB}(t_0)$$

$$\approx E_{AB}(t) - E_{AB}(t_0) \approx \frac{kt}{e} \ln \frac{n_A(t)}{n_B(t)} - \frac{kt_0}{e} \ln \frac{n_A(t_0)}{n_B(t_0)}$$

影响因素取决于材料和接点温度，与形状、尺寸等无关。两热电极相同时，总电动势为 0。两接点温度相同时，总电动势为 0。对于已选定的热电偶，当参考端温度 T_0 恒定时，$e_{AB}(t_0) = c$ 为常数，则总的热电动势就只与温度 T 成单值函数关系，即

$$e_{AB}(T, T_0) - f(t) - f(t_0) = f(t) - C = \varphi(t)$$

$$e_{AB}(t_0) = c$$

可见：只要测出 $e_{AB}(T, T_0)$ 的大小，就能得到被测温度 T，这就是利用热电偶测温的原理。

四、热电偶回路热电势

由导体 A,B 组成的热电偶回路，当 $T > T_0, n_A > n_B$ 时，则其总电势为

$$E_{AB}(T, T_0) = [e_{AB}(T) - e_{AB}(T_0)] + [-e_A(T, T_0) + e_B(T, T_0)]$$

$$= \frac{KT}{e} \ln \frac{n_{AT}}{n_{BT}} - \frac{KT_0}{e} \ln \frac{n_{AT0}}{n_{BT0}} + \int_{T0}^{T} (\sigma_B - \sigma_A) dT$$

由以上分析得出结论，即产生热电势的条件：

(1) 组成热电偶两电极材料应不同；

(2) 热电偶两端的温度应不同。

在金属导体中，同一种金属导体内，温差电势可以忽略，故起主要作用的是接触电势，即

$$E_{AB}(T, T_0) = e_{AB}(T) - e_{AB}(T_0) = e_{AB}(T) + e_{AB}(T_0)$$

设：$e_{AB}(T_0) = f(T_0) = C$，则

$$E_{AB}(T, T_0) = e_{AB}(T) - e_{AB}(T_0) = f(T) - C$$

 **知识链接**

数字激光位移传感器

激光位移传感器可精确非接触测量被测物体的位置、位移等变化,主要应用于检测物的位移、厚度、振动、距离、直径等几何量的测量。

按照测量原理,激光位移传感器原理分为激光三角测量法和激光回波分析法,激光三角测量法一般适用于高精度、短距离的测量,而激光回波分析法则用于远距离测量。

(1)激光三角测量法原理:激光发射器通过镜头将可见红色激光射向被测物体表面,经物体反射的激光通过接收器镜头,被内部的 CCD 线性相机接收,根据不同的距离,CCD 线性相机可以在不同的角度下"看见"这个光点。根据这个角度及已知的激光和相机之间的距离,数字信号处理器就能计算出传感器和被测物体之间的距离。同时,光束在接收元件的位置通过模拟和数字电路处理,并通过微处理器分析,计算出相应的输出值,并在用户设定的模拟量窗口内,按比例输出标准数据信号。如果使用开关量输出,则在设定的窗口内导通,窗口之外截止。另外,模拟量与开关量输出可独立设置检测窗口。\<br\>贝特威拥有业界最为齐全的高精度激光三角测量传感器,最高分辨率可以达到 $0.03\mu m$,最远检测距离可以达到 5.4m,为高精度测量检测提供全面的解决方案。

(2)激光位移传感器采用回波分析原理来测量距离以达到一定程度的精度。传感器内部是由处理器单元、回波处理单元、激光发射器、激光接收器等部分组成。激光位移传感器通过激光发射器每秒发射 100 万个激光脉冲到检测物并返回至接收器,处理器计算激光脉冲遇到检测物并返回至接收器所需的时间,以此计算出距离值,该输出值是将上千次的测量结果进行的平均输出。激光回波分析法适合于长距离检测,但测量精度相对于激光三角测量法要低。

项目三　热电偶的基本定律

学习任务

(1)掌握均质导体定律;
(2)掌握中间导体定律;
(3)掌握标准电极定律;
(4)掌握中间温度定律;

相关理论

热电偶的基本定律对于检测是非常重要的,给检测提供了重要的理论依据。

一、均质导体定律

如果热电偶回路中的两个热电极材料相同,无论两接点的温度如何,热电动势为零。根据这个定律,可以检验两个热电极材料成分是否相同(称为同名极检验法),也可以检查热电极材料的均匀性。

二、中间导体定律

在热电偶回路中接入第三种导体，只要第三种导体的两接点温度相同，则回路中总的热电动势不变。

如图 7-3-1 所示，在热电偶回路中接入第三种导体 C。设导体 A 与 B 接点处的温度为 t，A 与 C，B 与 C 两接点处的温度为 t_0，则回路中的总电动势为

$$E_{ABC}(t,t_0) = e_{AB}(t) + e_{BC}(t_0) + e_{CA}(t_0) \qquad (7-1)$$

如果回路中 3 接点的温度相同，即 $t = t_0$，则回路总电动势必为零，即

$$e_{AB}(t_0) + e_{BC}(t_0) + e_{CA}(t_0) = 0$$

或者

$$e_{BC}(t_0) + e_{CA}(t_0) = -e_{AB}(t_0) \qquad (7-2)$$

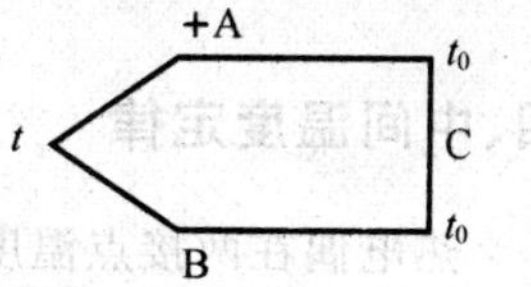

将式(7-2)代入式(7-1)，可得

$$E_{ABC}(t,t_0) = e_{AB}(t) - e_{AB}(t_0)$$

图 7-3-1 热电偶中接入第三种导体

可以用同样的方法证明，断开热电偶的任何一个极，用第三种导体引入测量仪表，其总电动势也是不变的。

热电偶的这种性质在实用上有着重要的意义，它使我们可以方便地在回路中直接接入各种类型的显示仪表或调节器，也可以将热电偶的两端不焊接而直接插入液态金属中或直接焊在金属表面进行温度测量。

三、标准电极定律

如果两种导体分别与第三种导体组成的热电偶所产生的热电动势已知，则由这两种导体组成的热电偶所产生的热电动势也就已知。

如图 7-3-2 所示，导体 A，B 分别与标准电极 C 组成热电偶，若它们所产生的热电动势为已知，即

$$E_{AC}(t,t_0) = e_{AC}(t) - e_{AC}(t_0)$$
$$E_{BC}(t,t_0) = e_{BC}(t) - e_{BC}(t_0)$$

那么，导体 A 与 B 组成的热电偶，其热电动势为

$$E_{AB}(t,t_0) = E_{AC}(t,t_0) - E_{BC}(t,t_0)$$

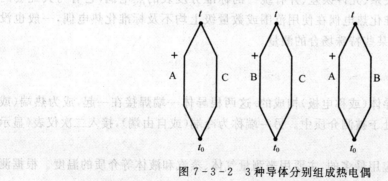

图 7-3-2 3 种导体分别组成热电偶

标准电极定律是一个极为实用的定律。可以想象,纯金属的种类很多,而合金类型更多。因此,要得出这些金属之间组合而成热电偶的热电动势,其工作量是极大的。由于铂的物理、化学性质稳定,熔点高,易提纯,所以,我们通常选用高纯铂丝作为标准电极,只要测得各种金属与纯铂组成的热电偶的热电动势,则各种金属之间相互组合而成的热电偶的热电动势则可直接计算出来。

例如:热端为 100℃,冷端为 0℃ 时,镍铬合金与纯铂组成的热电偶的热电动势为 2.95mV,而考铜与纯铂组成的热电偶的热电动势为 -4.0mV,则镍铬和考铜组合而成的热电偶所产生的热电动势应为

$$2.95\text{mV} - (-4.0\text{mV}) = 6.95\text{mV}$$

四、中间温度定律

热电偶在两接点温度 t, t_0 时的热电动势等于该热电偶在接点温度为 t, t_n 和 t_n, t_0 时的相应热电动势的代数和。

中间温度定律可以表示为

$$E_{AB}(t, t_0) = E_{AB}(t, t_n) + E_{AB}(t_n, t_0)$$

中间温度定律为补偿导线的使用提供了理论依据。它表明:若热电偶的热电极被导体延长,只要接入的导体组成热电偶的热电特性与被延长的热电偶的热电特性相同,且它们之间连接的两点温度相同,则总回路的热电动势与连接点温度无关,只与延长以后的热电偶两端的温度有关。

项目四 热电偶的结构及材料

学习任务

(1)了解热电偶的结构形式;

(2)了解热点材料的选取。

相关理论

常用热电偶可分为标准热电偶和非标准热电偶两大类。所调用标准热电偶是指国家标准规定了其热电势与温度的关系、允许误差、并有统一的标准分度表的热电偶,它有与其配套的显示仪表可供选用。非标准化热电偶在使用范围或数量级上均不及标准化热电偶,一般也没有统一的分度表,主要用于某些特殊场合的测量。

一、热电偶的结构

热电偶是由两根不同导体(或称电极)构成的.这两根导体一端焊接在一起,成为热端(或称工作端),测温时将此端处于被测介质中。另一端称为冷端(或自由端),接入二次仪表(显示仪表)或电测设备。

(1)普通型热电偶:是应用最多的,主要用来测量气体、蒸汽和液体等介质的温度。根据测

温范围及环境的不同,所用的热电偶电极和保护套管的材料也不同,但因使用条件基本类似,所以这类热电偶已标准化、系列化。按其安装时的连接方法可分为螺纹连接合法兰连接两种。

(2)铠装型热电偶:铠装热电偶又称套管热电偶。它是由热电偶丝、绝缘材料和金属套管三者经拉伸加工而成的坚实组合体,它可以做得很细很长,使用中随需要能任意弯曲。铠装热电偶的主要优点是测温端热容量小,动态响应快,机械强度高,挠性好,可安装在结构复杂的装置上,因此被广泛用在许多工业部门中。

二、热电极材料的选取

(1)性能稳定;

(2)温度测量范围广;

(3)物理化学性能稳定;

(4)导电率要高,并且电阻温度系数要小;

(5)材料的机械强度要高,复制性好、复制工艺简单,价格便宜。

项目五　热电偶实用测温线路

学习任务

1.掌握测量单点的温度;

2.掌握测量两点间温度差;

3.掌握测量平均温度;

相关理论

两种电子密度不同的导体构成闭合回路,如果两接头的温度不同,回路中就有电流产生,这种现象成为热电现象,相应的电动势成为温差电势或热电势,它与温度有一定的函数关系,利用此关系就可测量温度。

这种现象包含的原理有:帕尔帖定理——不同材料结合在一起,在其结合面产生电势。

汤姆逊定理——由温差引起的电势。

当组成热电偶的导体材料均匀时,其热电势的大小与导体本身的长度和直径大小无关,只与导体材料的成分及两端的温度有关。因此,用各种不同的导体或半导体可做成各种用途的热电偶,以满足不同温度对象测量的需要。

热电偶测温时,它可以直接与显示仪表(如电子电位差计、数字表等)配套使用,也可与温度变送器配套,转换成标准电流信号。

一、单点的温度

(1)普通测温线路如图 7-5-1 所示。

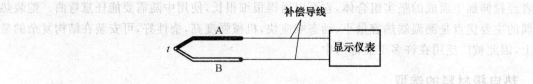

图 7-5-1　普通测温线路

(2)带温度补偿器的测温线路如图 7-5-2 所示。

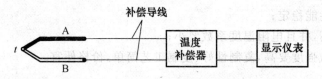

图 7-5-2　带温度补偿器的测温线路

　　特殊情况下,热电偶可以串联或并联使用,但只能是同一分度号的热电偶,且冷端应在同一温度下。如热电偶正向串联,可获得较大的热电势输出和提高灵敏度;在测量两点温差时,可采用热电偶反向串联;利用热电偶并联可以测量平均温度。

二、测量两点间温度差(反向串联)

　　测量两点间温度差如图 7-5-3 所示。

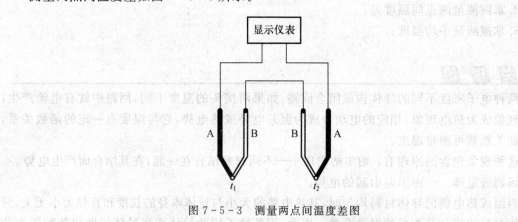

图 7-5-3　测量两点间温度差图

$$E_T = E_{AB}(t_1,t_0) - E_{AB}(t_2,t_0) = E_{AB}(t_1,t_2)$$

三、测量平均温度(并联或正向串联)

　　热电偶的并联测温线路如图 7-5-4 所示,热电偶的串联测温线路如图 7-5-5 所示。

$$E_T = \frac{E_1 + E_2 + E_3}{3} = \frac{E_{AB}(t_1,t_0) + E_{AB}(t_2,t_0) + E_{AB}(t_3,t_0)}{3}$$

$$= \frac{E_{AB}(t_1 + t_2 + t_3, 3t_0)}{3} = E_{AB}\left(\frac{t_1 + t_2 + t_3}{3}, t_0\right)$$

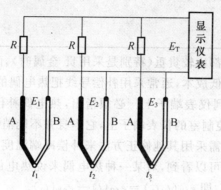

图 7 - 5 - 4　热电偶的并联测温线路图

特点:当有一只热电偶烧断时,难以觉察出来。当然,它也不会中断整个测温系统的工作。

优点:热电动势大,仪表的灵敏度大大增加,且避免了热电偶并联线路存在的缺点,可立即可以发现有断路。

缺点:只要有一支热电偶断路,整个测温系统将停止工作。

$$E_T = E_1 + E_2 + E_3 = E_{AB}(t_1, t_0) + E_{AB}(t_2, t_0) + E_{AB}(t_3, t_0) =$$
$$E_{AB}(t_1 + t_2 + t_3, 3t_0) = E_{AB}(t_1 + t_2 + t_3, t_0)$$

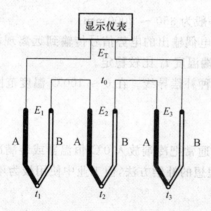

图 7 - 5 - 5　热电偶的串联测温线路图

项目六　热电偶的温度补偿

(1)掌握冷端恒温法;

(2)掌握补偿导线法;

（3）掌握冷端 0℃ 恒温法；

（4）掌握冷端温度修正法。

相关理论

由于热电偶的材料一般都比较贵重（特别是采用贵金属时），而测温点到仪表的距离都很远，为了节省热电偶材料，降低成本，通常采用补偿导线把热电偶的冷端（自由端）延伸到温度比较稳定的控制室内，连接到仪表端子上。必须指出，热电偶补偿导线的作用只起延伸热电极，使热电偶的冷端移动到控制室的仪表端子上，它本身并不能消除冷端温度变化对测温的影响，不起补偿作用。因此，还需采用其他修正方法来补偿冷端温度 $t_0 \neq 0℃$ 时对测温的影响。

从热电偶测温基本公式可以看到，对某一种热电偶来说热电偶产生的热电势只与工作端温度 t 和自由端温度 t_0 有关，即 $e_{AB}(t,t_0)=e_{AB}(t)-e_{AB}(t_0)$。

实际应用中，热电偶的冷端通常靠近被测对象，且受到周围环境温度的影响，其温度不是恒定不变的。为此，必须采取一些相应的措施进行补偿或修正，常用的方法有以下几种。

1. 冷端恒温法

当热端温度为 t 时，分度表所对应的热电势 $e_{AB}(t,t_0)$ 与热电偶实际产生的热电势 $e_{AB}(t,t_0)$ 之间的关系可根据中间温度定律得到，有

$$e_{AB}(t,0)=e_{AB}(t,t_0)+e_{AB}(t_0,0)$$

由此可见，$e_{AB}(t_0,0)$ 是冷端温度 t_0 的函数，因此需要对热电偶冷端温度进行恒温处理。

2. 补偿导线法

热电偶一般做得较短，一般为 $350 \sim 2000\,\mathrm{mm}$。

在实际测温时，需要把热电偶输出的电势信号传输到远离现场数十米远的控制室里的显示仪表或控制仪表，这样，冷端温度 t_0 比较稳定。

解决办法：工程中采用一种补偿导线。在 $0 \sim 100℃$ 温度范围内，要求补偿导线和所配热电偶具有相同的热电特性。

3. 冷端 0℃ 恒温法

在实验室及精密测量中，通常把冷端放入 0℃ 恒温器或装满冰水混合物的容器中，以便冷端温度保持 0℃。这是一种理想的补偿方法，但工业中使用极为不便。

4. 冷端温度修正法

当冷端温度 t_0 不等于 0℃ 时，需要对热电偶回路的测量电势值 $e_{AB}(t,t_0)$ 加以修正。当工作端温度为 t 时，分度表可查 $e_{AB}(t,0)$ 与 $e_{AB}(t_0,0)$。

根据中间温度定律，可得

$$e_{AB}(t,0)=e_{AB}(t,t_0)+e_{AB}(t_0,0)$$

知识拓展

金属玻璃铀位移传感器：用丝网印刷法按照一定图形，将金属玻璃铀电阻浆料涂覆在陶瓷基体上，经高温烧结而成。特点是：阻值范围宽，耐热性好，过载能力强，耐潮，耐磨等都很好，是很有前途的电位器品种。缺点是接触电阻和电流噪声大。

金属膜位移传感器:金属膜电位器的电阻体可由合金膜、金属氧化膜、金属箔等分别组成。特点是分辨力高、耐高温、温度系数小、动噪声小、平滑性好。

磁敏式位移传感器:消除了机械接触,寿命长、可靠性高,缺点:对工作环境要求较高。

光电式位移传感器:消除了机械接触,寿命长、可靠性高,缺点:数字信号输出,处理烦琐。

● 单 元 提 炼

将温度转换为电势大小的热电式传感器叫热电偶;将温度转换为电阻值大小的热电式传感器叫做热电阻。热敏电阻的电阻－温度特性:大多数:负温度系数。热敏电阻在不同值时的电阻－温度特性,温度越高,阻值越小,且有明显的非线性。NTC 热敏电阻具有很高的负电阻温度系数,特别适用于:$-100\sim+300℃$ 之间测温。热电偶的基本定律:均质导体定律;中间导体定律;标准电极定律;中间温度定律。

● 单 元 练 习

7.1　热电式传感器有哪几种? 各有何特点和用途?

7.2　简要说明热敏电阻的工作原理和主要特点。

7.3　试说明热电偶的测温原理。

7.4　试比较补偿导线法与电桥补偿法的特点。

7.5　试用显示仪表零位调整法测量炉温。环境温度已知,写出测量步骤。

7.6　试推导热电偶并联测量线路总电势的公式。

7.7　简述热电偶测温的基本定律及其实用价值。

第八单元　光电式传感器

光传感器是一种将光信号转换为电信号的一种传感器,具有非接触、高精度、反应快、可靠性好、分辨率高等特点。它除能测量光强之外,还能利用光线的透射、遮挡、反射、干涉等测量多种物理量,如尺寸、位移、速度、温度等,因而是一种应用极广泛的重要敏感器件。光电测量时不与被测对象直接接触,光束的质量又近似为零,在测量中不存在摩擦和对被测对象几乎不施加压力。因此在许多应用场合,光电式传感器比其他传感器有明显的优越性。其缺点是在某些应用方面,光学器件和电子器件价格较贵,并且对测量的环境条件要求较高。

项目一　光源及光电效应

学习任务

(1)了解光的特性以及常用光源,包括热辐射光源、气体放电光源、激光器电致发光器件——发光二极管。

(2)掌握光电效应及其分类:外光电效应和内光电效应。

(3)了解各种光电器件的特性。

相关理论

光电效应分为:外光电效应和内光电效应。内光电效应是被光激发所产生的载流子(自由电子或空穴)仍在物质内部运动,使物质的电导率发生变化或产生光生伏特的现象。外光电效应是被光激发产生的电子逸出物质表面,形成真空中的电子的现象。外光电效应在光的作用下,物体内的电子逸出物体表面向外发射的现象叫做外光电效应。初步介绍了各种光电器件的特性:光电流;暗电流;光照特性;光谱特性;伏安特性;频率特性;温度特性。

一、光的特性

光具有波粒二象性,既具有波动的本性,又具有粒子的特性。光的频率(波长)各不相同,但都具有反射、折射、散射、衍射、干涉和吸收等特性。由光的粒子说可知,光又是由具有一定能量、动量和质量的粒子所组成,这种粒子称为光子。光是以光速运动的光子流,每个光子都有一定的能量,其大小与频率成正比,即

$$e = h\nu = \frac{hc}{\lambda} \tag{8-1}$$

式中, h 为普朗克常量, $h = 6.626 \times 10^{-34}$ J·s;; υ 为光子的频率(s^{-1}); c 为光速, $c = 3 \times 10^8$ m/s; λ 为光的波长。

不同频率的光具有不同的能量,光的频率越高(即波长越短),光子的能量就越大,光的能量就是光的总和。

二、常用光源

工程检测中遇到的光,可以由各种发光器件产生,也可以是物体的辐射光。常用的光源可分为四类:辐射热光源、气体放电光源、激光器和电致发光器件

(1)热辐射光源。热物体都会向空间发射一定的光辐射,基于这种原理的光源称为热辐射光源。物体的温度越高,辐射能量就越大,辐射光谱的峰值波长也就越短。白炽灯、卤钨灯等都属于此种光源。虽然它们发出的光利用率低、功耗大,但它们的功率大,具有丰富的红外线。热辐射光源输出功率大,但光源的响应速度慢,调制频率一般低于 1kHz,不能用于快速的正弦和脉冲调制。

(2)气体放电光源。电流通过气体会产生发光现象,利用这种原理制成的光源称为气体放电光源。气体放电光源的光谱不连续,光谱和气体的种类及放电条件有关。改变气体的成分、压力、阴极材料和放电电流的大小,可以得到主要在某一光谱范围的辐射源。低压汞灯、氢灯、钠灯、镉灯、氦灯等是光谱仪器中常用的光源,统称光谱灯。通过对光谱灯内所涂荧光剂的选择,可以使气体放电灯发出某一特定波长或某一范围波长的光,照明日光灯即为一典型实例。

(3)激光器。激光器是具有光的受激辐射放大功率的器件。激光器的突出优点是单色性好、方向性好和亮度高,不同的激光器在这些特点上又各有不同的侧重。特别是半导体激光器,更适合与光敏元件匹配。

(4)电致发光器件——发光二极管。固体发光材料在电场激发下产生的发光现象称为电致发光,它是将电能直接转换成光能的过程。利用这种原理制成的器件称为电致发光器件,如发光二极管、半导体激光器等。和白炽灯相比,发光二极管的体积小、功耗低、寿命长,能和集成电路相匹配。

三、光电效应

光电式传感器的工作原理就是基于光电效应的,光照射到物体表面上使物体发射电子、或导电率发生变化、或产生光电动势等,这种因光照而引起物体电学特性发生改变统称为光电效应。光电效应可分为外光电效应和内光电效应两大类。

(1)外光电效应。材料受到光照后,向外发射电子的现象叫做外光电效应,相应的光电器件,如光电管、光电倍增管、变相管等。

照射物体,可以看成一连串具有一定能量的光子轰击物体,物体中电子吸收的入射光子能量超过逸出功 A_0 时,电子就会逸出物体表面,产生光电子发射,超过部分的能量表现为逸出电子的动能。根据能量守恒定理,有

$$h\upsilon = \frac{1}{2}mv_0^2 + A_0 \qquad (8-2)$$

式中, m 为电子的质量; v_0 为电子的逸出速度。

式(8-2)为爱因斯坦光电效应方程式,由式可知:光子能量必须超过逸出功 A_0,才能产生

光电子;入射光的频谱成分不变,产生的光电子与光强成正比;光电子逸出物体表面时具有初始动能,因此对于外光电效应器件,即使不加初始阳极电压,也会有光电流产生,为使光电流为零,必须加负的截止电压。

一般地说,原子内部各个电子既绕着原子核做轨道运动,同时又做自旋运动,就像地球既绕着太阳公转,同时又自转那样。但是,原子内部的电子可以通过与外界交换能量而从一种运动状态改变为另一种运动状态。对于每一种运动状态来说,原子具有确定的内部能量值,对应为一个能级。同一种元素的原子,能级的情况是相同的。习惯将能量值大的能级称为高能级,能量值小的能级称为低能级,原子的最低能级称为基态。

(2)内光电效应。内光电效应又分为光电效应和光生伏特效应(光伏效应)。在光的作用下,电子吸收光子能量从键合状态过渡到自由状态,引起物体电阻率的变化,这种现象称为光电导效应。由于这里没有电子自物体向外发射,仅改变物体内部的电阻或电导,有时也称为内光电效应。与外光电效应一样,要产生光电导效应,也要受到红限频率限制。光敏电阻就是利用光电导效应制成的。在光的作用下,能够使物体内部产生一定方向的电动势的现象叫光生伏特效应。利用光生伏特效应制成的光电器件有光敏二极管、光敏三极管和光电池等。

四、各种光电器件的特性

(1)光电流:光敏元件的两端加一定偏置电压后,在某种光源的特定照度下产生或增加的电流称为光电流。

(2)暗电流:光敏元件在无光照时,两端加电压后产生的电流称为暗电流。

(3)光照特性:当光敏元件加一定电压时,光电流 I 与光敏元件上光照度 E 之间的关系,称为光照特性。一般可表示为 $I=f(E)$。

(4)光谱特性:当光敏元件加一定电压时,如果照射在光敏元件上的是一单色光,当入射光功率不变时,光电流随入射光波长变化而变化的关系 $I=f(\lambda)$,称为光谱特性。光谱特性对选择光电器件和光源有重要意义,当光电器件的光谱特性与光源的光谱分布协调一致时,光电传感器的性能较好,效率也高。在检测中,应选择最大灵敏度在需要测量的光谱范围内的光敏元件,才有可能获得最高灵敏度。

(5)伏安特性:在一定照度下,光电流 I 与光敏元件两端的电压 U 的关系 $I=f(U)$ 称为伏安特性。

(6)频率特性:在相同的电压和相同幅值的光强度下,当入射光以不同的正弦交变频率调制时,光敏元件输出的光电流 I 和灵敏度 S 随调制频率变化的关系:$I=f_1(f)$、$S=f_2(f)$ 称为频率特性。

(7)温度特性:环境温度变化后,光敏元件的光学性质也将随之改变,这种现象称为温度特性。

知识链接

通过大量的实验总结出光电效应具有以下实验规律:

(1)每一种金属在产生光电效应是都存在一极限频率(或称截止频率),即照射光的频率不能低于某一临界值。相应的波长被称做极限波长(或称红限波长)。当入射光的频率低于极限频率时,无论多强的光都无光电子逸出。

(2)光电效应中产生的光电子的速度与光的频率有关,而与光强无关。

(3)光电效应的瞬时性。实验发现,只要光的频率高于金属的极限频率,光的亮度无论强弱,光子的产生都几乎是瞬时的,响应时间不超过十的负九次方秒。

(4)入射光的强度只影响光电流的强弱,即只影响在单位时间内由单位面积是逸出的光电子数目。

项目二　光电传感器件

学习任务

掌握光电管、光电倍增管、光敏电阻、光敏二极管和光敏晶体管、光电池、光电耦合器件电荷耦合器件的特性。

相关理论

光敏二极管是最常见的光传感器。光敏二极管的外型与一般二极管一样,只是它的管壳上开有一个嵌着玻璃的窗口,以便于光线射入,为增加受光面积,PN 结的面积做得较大,光敏二极管工作在反向偏置的工作状态下,并与负载电阻相串联,当无光照时,它与普通二极管一样,反向电流很小,称为光敏二极管的暗电流;当有光照时,载流子被激发,产生电子—空穴,称为光电载流子。在外电场的作用下,光电载流子参于导电,形成比暗电流大得多的反向电流,该反向电流称为光电流。光电流的大小与光照强度成正比,于是在负载电阻上就能得到随光照强度变化而变化的电信号。

一、光电管

光电管由一个涂有光电材料的阴极和一个阳极构成,并且密封在一只真空玻璃管内。阴极通常是用逸出功小的光敏材料涂敷在玻璃泡内壁上做成,阳极通常用金属丝弯曲成矩形或圆形置于玻璃管的中央。

当光电管的阴极受到适当波长的光线照射时,便有电子逸出,这些电子被具有正电位的阳极所吸引,在光电管内形成空间电子流。如果在外电路中串入一适当阻值的电阻,则在光电管组成的回路中形成电流 I_Φ,并在负载电阻 L_R 上产生输出电压 U_{out}。在入射光的频谱成分和光电管电压不变的条件下,输出电压 U_{out} 与入射光通量 Φ 成正比,如图 8-2-1 所示。

二、光电倍增管

当入射光很微弱时,普通光电管产生的光电流很小,不容易检测,此时可采用光电倍增管,其特点是可以将微小的光电流放大,放大倍数高达 $10^5 \sim 10^7$。它灵敏度非常高,信噪比大,线性好,多用于微光测量。

光电倍增管由光阴极、次阴极(倍增电极)以及阳极三部分组成。光阴极是由半导体光电材料锑铯做成,次阴极是在镍或铜 — 铍的衬底上涂上锑铯材料而形成的,次阴极多的可达30级,通常为12级～14级。阳极是最后用来收集电子的,它输出的是电压脉冲。

光电倍增管是利用二次电子释放效应,将光电流在管内部进行放大。当电子或光子以足够大的速度轰击金属表面而使金属内部的电子再次逸出金属表面,这种再次逸出金属表面的电子叫做二次电子。

光电倍增管的光电转换过程为:当入射光的光子打在光电阴极上时,光电阴极发射出电子,该电子流又打在电位较高的第一倍增极上,于是又产生新的二次电子;第一倍增极产生的二次电子又打在比第一倍增极电位高的第二倍增极上,该倍增极同样也会产生二次电子发射,如此连续进行下去,直到最后一级的倍增极产生的二次电子被更高电位的阳极收集为止,从而在整个回路里形成光电流 I_A,如图 8-2-2 所示

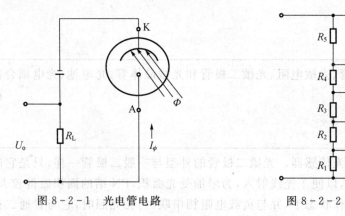

图 8-2-1 光电管电路   图 8-2-2 光电倍增管的电路

三、光敏电阻

光敏电阻又称光导管,它几乎都是用半导体材料制成的光电器件。光敏电阻没有极性,纯粹是一个电阻器件,使用时既可加直流电压,也可以加交流电压。无光照时,光敏电阻值(暗电阻)很大,电路中电流(暗电流)很小。当光敏电阻受到一定波长范围的光照时,它的阻值(亮电阻)急剧减小,电路中电流迅速增大。一般希望暗电阻越大越好,亮电阻越小越好,此时光敏电阻的灵敏度高。实际光敏电阻的暗电阻值一般在兆欧量级,亮电阻值在几千欧以下。

光敏电阻的结构很简单,图 8-2-3(a)为金属封装的硫化镉光敏电阻的结构图。在玻璃底板上均匀地涂上一层薄薄的半导体物质,称为光导层。半导体的两端装有金属电极,金属电极与引出线端相连接,光敏电阻就通过引出线端接入电路。为了防止周围介质的影响,在半导体光敏层上覆盖了一层漆膜,漆膜的成分应使它在光敏层最敏感的波长范围内透射率最大。为了提高灵敏度,光敏电阻的电极一般采用梳状图案,如图 8-2-3(b)所示。图 8-2-3(c)为光敏电阻的接线图。

1.光敏电阻的主要参数

光敏电阻的主要参数:

(1)暗电阻 光敏电阻在不受光照射时的阻值称为暗电阻,此时流过的电流称为暗电流。

(2)亮电流 光敏电阻在受光照射时的电阻称为亮电阻,此时流过的电流称为亮电流。

(3)光电流 亮电流与暗电流之差称为光电流。

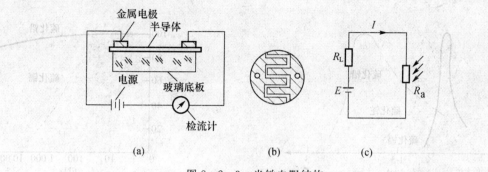

图 8-2-3 光敏电阻结构
(a)结构图;(b)电极;(c)接线图

2.光敏电阻的基本特性

(1)伏安特性。在一定照度下,流过光敏电阻的电流与光敏电阻两端的电压的关系称为光敏电阻的伏安特性。图 8-2-4 为硫化镉光敏电阻的伏安特性曲线。由图可见,光敏电阻在一定的电压范围内,其曲线为直线。说明其阻值与入射光量有关,而与电压电流无关。

(2)光照特性。光敏电阻的光照特性是描述光电流和光照强度之间的关系,不同材料的光照特性是不同的,绝大多数光敏电阻光照特性是非线性的。图 8-2-5 为硫化镉光敏电阻的光照特性。

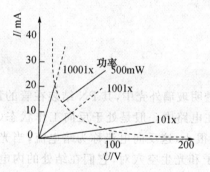

图 8-2-4 硫化镉光敏电阻的伏安特性

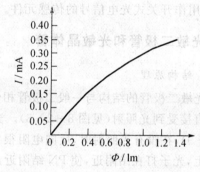

图 8-2-5 光敏电阻的光照特性

(3)光谱特性。光敏电阻对入射光的光谱具有选择作用,即光敏电阻对不同波长的入射光有不同的灵敏度。光敏电阻的相对光敏灵敏度与入射波长的关系称为光敏电阻的光谱特性,亦称为光谱响应。图 8-2-6 为几种不同材料光敏电阻的光谱特性。对应于不同波长,光敏电阻的灵敏度是不同的,而且不同材料的光敏电阻光谱响应曲线也不同。从图中可见硫化镉光敏电阻的光谱响应的峰值在可见光区域,常被用作光度量测量(照度计)的探头。而硫化铅光敏电阻响应于近红外和中红外区,常用做火焰探测器的探头。

(4)频率特性。实验证明,光敏电阻的光电流不能随着光强改变而立刻变化,即光敏电阻产生的光电流有一定的惰性,这种惰性通常用时间常数表示。大多数的光敏电阻时间常数都较大,这是它的缺点之一。不同材料的光敏电阻具有不同的时间常数(毫秒数量级),因而它们的频率特性也就各不相同。图 8-2-7 为硫化镉和硫化铅光敏电阻的频率特性,相比较,硫化铅的使用频率范围较大。

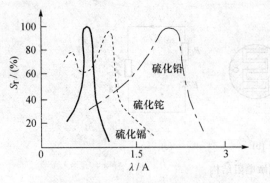

图 8-2-6 光敏电阻的光谱特性

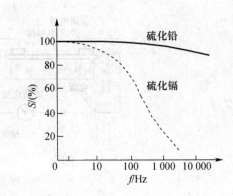

图 8-2-7 光敏电阻的频率特性

(5)温度特性。光敏电阻和其他半导体器件一样,受温度影响较大。温度变化时,影响光敏电阻的光谱响应,同时光敏电阻的灵敏度和暗电阻也随之改变,尤其是响应于红外区的硫化铅光敏电阻受温度影响更大硫化铅光敏电阻要在低温、恒温的条件下使用。对于可见光的光敏电阻,其温度影响要小一些。

光敏电阻具有光谱特性好、允许的光电流大、灵敏度高、使用寿命长、体积小等优点,所以应用广泛。此外许多光敏电阻对红外线敏感,适宜于红外线光谱区工作。光敏电阻的缺点是型号相同的光敏电阻参数参差不齐,并且由于光照特性的非线性,不适宜于测量要求线性的场合,常用作开关式光电信号的传感元件。

四、光敏二极管和光敏晶体管

1.结构原理

光敏二极管的结构与一般二极管相似。它装在透明玻璃外壳中,其 PN 结装在管的顶部,可以直接受到光照射(见图 8-2-8)。光敏二极管在电路中一般是处于反向工作状态(见图 8-2-9),在没有光照射时,反向电阻很大,反向电流很小,这反向电流称为暗电流,当光照射在结上,光子打在结附近,使 PN 结附近产生光生电子和光生空穴对,它们在结处的内电场作用下作定向运动,形成光电流。光的照度越大,光电流越大。因此光敏二极管在不受光照射时处于截止状态,受光照射时处于导通状态。

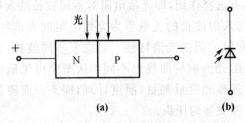

图 8-2-8 光敏二极管结构简图和符号
(a)结构图;(b)符号图

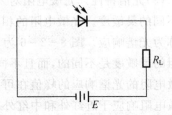

图 8-2-9 光敏二极管接线图

光敏晶体管与一般晶体管很相似,具有两个结,如图 8-2-10(a)所示,只是它的发射极一边做得很大,以扩大光的照射面积。光敏晶体管接线如图 8-2-10(b)所示,大多数光敏晶体管的基极无引出线,当集电极加上相对于发射极为正的电压而不接基极时,集电结就是反向偏压,当光照射在集电结时,就会在结附近产生电子—空穴对,光生电子被拉到集电极,基区留下空穴,使基极与发射极间的电压升高,这样便会有大量的电子流向集电极,形成输出电流,且集电极电流为光电流的 β 倍,所以光敏晶体管有放大作用。

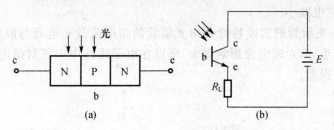

图 8-2-10   NPN 型光敏晶体管结构简图和基本电路
(a)结构图;(b)电路图

　　光敏晶体管的光电灵敏度虽然比光敏二极管高得多,但在需要高增益或大电流输出的场合,需采用达林顿光敏管。达林顿光敏管的等效电路,它是一个光敏晶体管和一个晶体管以共集电极连接方式构成的集成器件。由于增加了一级电流放大,所以输出电流能力大大加强,甚至可以不必经过进一步放大,便可直接驱动灵敏继电器。但由于无光照时的暗电流也增大,因此适合于开关状态或位式信号的光电变换。

　　2.基本特性

　　(1)光谱特性。光敏管的光谱特性是指在一定照度时,输出的光电流(或用相对灵敏度表示)与入射光波长的关系。硅和锗光敏二(晶体)极管的光谱特性曲线如图 8-2-11 所示。从曲线可以看出,硅的峰值波长约为 $0.9\mu m$ 锗的峰值波长约为 $1.5\mu m$,此时灵敏度最大,而当入射光的波长增长或缩短时,相对灵敏度都会下降。一般来讲,锗管的暗电流较大,因此性能较差,故在可见光或探测赤热状态物体时,一般都用硅管。但对红外光的探测,用锗管较为适宜。

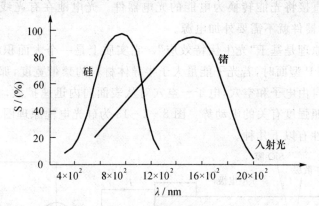

图 8-2-11   光敏二极(晶体)管的光谱特性

　　(2)伏安特性。图 8-2-12(a)为硅光敏二极管的伏安特性,横坐标表示所加的反向偏压。当光照时,反向电流随着光照强度的增大而增大,在不同的照度下,伏安特性曲线几乎平行,所以只要没达到饱和值,它的输出实际上不受偏压大小的影响。图 8-2-12(b)为硅光敏晶体管的伏安特性。纵坐标为光电流,横坐标为集电极—发射极电压。从图中可见,由于晶体管的放大作用,在同样照度下,其光电流比相应的二极管大上百倍。

(3)频率特性。光敏管的频率特性是指光敏管输出的光电流(或相对灵敏度)随频率变化的关系。光敏二极管的频率特性是半导体光电器件中最好的一种,普通光敏二极管频率响应时间达 $10\mu s$。光敏晶体管的频率特性受负载电阻的影响,减小负载电阻可以提高频率响应范围,但输出电压响应也减小。

(4)温度特性。光敏管的温度特性是指光敏管的暗电流及光电流与温度的关系。温度变化对光电流影响很小,而对暗电流影响很大,所以在电子线路中应该对暗电流进行温度补偿,否则将会导致输出误差。

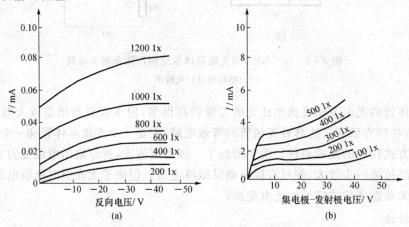

图 8-2-12 硅光敏管的伏安特性

(a)硅光敏二极管;(b)硅光敏晶体管

五、光电池

光电池是一种直接将光能转换为电能的光电器件。光电池在有光线作用时实质就是电源,电路中有了这种器件就不需要外加电源。

光电池的工作原理是基于"光生伏特效应"。它实质上是一个大面积的 PN 结,当光照射到结的一个面,例如 P 型面时,若光子能量大于半导体材料的禁带宽度,那么 P 型区每吸收一个光子就产生一对自由电子和空穴,电子—空穴对从表面向内迅速扩散,在结电场的作用下,最后建立一个与光照强度有关的电动势。图 8-2-13 为硅光电池原理图。

光电池基本特性有以下几种。

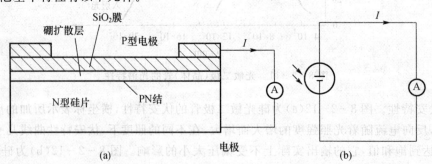

图 8-2-13 硅光电池原理图

(a)结构图;(b)等效电路

（1）光谱特性。光电池对不同波长的光的灵敏度是不同的。不同材料的光电池，光谱响应峰值所对应的入射光波长是不同的，硅光电池波长在 $0.8\mu m$ 附近，硒光电池在 $0.5\mu m$ 附近。硅光电池的光谱响应波长范围为 $0.4\sim1.2\mu m$，而硒光电池只能为 $0.38\sim0.75\mu m$。可见，硅光电池可以在很宽的波长范围内得到应用。

（2）光照特性。光电池在不同光照度下，其光电流和光生电动势是不同的，它们之间的关系就是光照特性。短路电流在很大范围内与光照强度呈线性关系，开路电压（即负载电阻 R_L 无限大时）与光照度的关系是非线性的，并且当照度在 2000lx 时就趋于饱和了。因此用光电池作为测量元件时，应把它当作电流源的形式来使用，不宜用作电压源。

（3）硅光电池有较好的频率响应。

（4）温度特性。光电池的温度特性是描述光电池的开路电压和短路电流随温度变化的情况。由于它关系到应用光电池的仪器或设备的温度漂移，影响到测量精度或控制精度等重要指标，因此温度特性是光电池的重要特性之一。光电池的温度特性如图 8-2-14 所示。从图中看出，开路电压随温度升高而下降的速度较快，而短路电流随温度升高而缓慢增加。由于温度对光电池的工作有很大影响，因此把它作为测量元件使用时，最好能保证温度恒定或采取温度补偿措施。

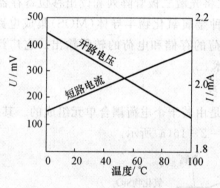

图 8-2-14　硅光电池的温度特性

六、光电耦合器件

光电耦合器件是由发光元件（如发光二极管）和光电接收元件合并使用，以光作为媒介传递信号的光电器件。根据其结构和用途不同，它又可分为用于实现电隔离的光电耦合器和用于检测有无物体的光电开关。

1. 光电耦合器

光电耦合器的发光元件和接收元件都封装在一个外壳内，一般有金属封装和塑料封装两种。发光器件通常采用砷化镓发光二极管，其管芯由一个 PN 结组成，随着正向电压的增大，正向电流增加，发光二极管产生的光通量也增加。光电接收元件可以是光敏二极管和光敏三极管，也可以是达林顿光敏管。图 8-2-15 为光敏三极管和达林顿光敏管输出型的光电耦合器。为了保证光电耦合器有较高的灵敏度，应使发光元件和接收元件的波长匹配。

2. 光电开关

光电开关是一种利用感光元件对变化的入射光加以接收，并进行光电转换，同时加以某种形式的放大和控制,从而获得最终的控制输出"开""关"信号的器件。

光电开关广泛应用于工业控制、自动化包装线及安全装置中作为光控制和光探测装置。可在自动控制系统中用作物体检测,产品计数,料位检测,尺寸控制,安全报警及计算机输入接口等。

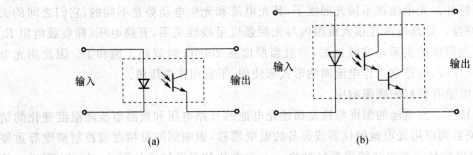

图 8 - 2 - 15　光电耦合器组合形式

七、电荷耦合器件

电荷耦合器件(CCD),它将光敏二极管阵列和读出移位寄存器集成为一体,构成具有自扫描功能的图象传感器。是一种金属氧化物半导体(MOS)集成电路器件,它以电荷作为信号,基本功能是进行光电转换电荷的存储和电荷的转移输出。它广泛应用于自动控制和自动测量,尤其适用于图像识别技术。

1. CCD 的结构及工作原理

(1)CCD 的结构。CCD 是由若干个电荷耦合单元组成的。其基本单元是 MOS(金属—氧化物—半导体)电容器,如 8 - 2 - 16(a)所示。

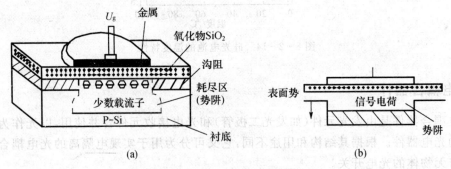

图 8 - 2 - 16　MOS 电容器
(a)MOS 电容截面;(b)势阱图

它以 P 型(或 N 型)半导体为衬底,上面覆盖一层厚度约 120nm 的 SiO_2,再在 SiO_2 表面依次沉积一层金属电极而构成 MOS 电容转移器件。这样一个 MOS 结构称为一个光敏元或一个像素。将 MOS 阵列加上输入、输出结构就构成了 CCD 器件。

(2)工作原理。构成的基本单元是 MOS 电容器。与其他电容器一样,MOS 电容器能够存储电荷。如果 MOS 电容器中的半导体是 P 型硅,当在金属电极上施加一个正电压 U_g 时,P 型硅中的多数载流子(空穴)受到排斥,半导体内的少数载流子(电子)吸引到 P—Si 界面处来,从而在界面附近形成一个带负电荷的耗尽区,也称表面势阱,如图 8-2-16(b)所示。对带负电的电子来说,耗尽区是个势能很低的区域。如果有光照射在硅片上,在光子作用下,半导体硅产生了电子—空穴对,由此产生的光生电子就被附近的势阱所吸收,势阱内所吸收的光生电子数量与入射到该势阱附近的光强成正比,存储了电荷的势阱被称为电荷包,而同时产生的空穴被排斥出耗尽区。并且在一定的条件下,所加正电压 U_g 越大,耗尽层就越深,Si 表面吸收少数载流子表面势(半导体表面对于衬底的电势差)也越大,这时势阱所能容纳的少数载流子电荷的量就越大。

CCD 的信号是电荷,那么信号电荷是怎样产生的呢? CCD 的信号电荷产生有两种方式:光信号注入和电信号注入。CCD 用作固态图像传感器时,接收的是光信号,即光信号注入。如果用透明电极也可用正面光注入方法。当 CCD 器件受光照射时,在栅极附近的半导体内产生电子—空穴对,其多数载流子(空穴)被排斥进入衬底,而少数载流子(电子)则被收集在势阱中,形成信号电荷,并存储起来。存储电荷的多少正比于照射的光强,从而可以反映图像的明暗程度,实现光信号与电信号之间的转换。所谓电信号注入,就是 CCD 通过输入结构对信号电压或电流进行采样,将信号电压或电流转换成信号电荷。用输入二极管进行电注入,该二极管是在输入栅衬底上扩散形成的。当输入栅加上宽度为的正脉冲时,输入二极管结的少数载流子通过输入栅下的沟道注入电极下的势阱中,注入电荷 量 $Q = I_D \Delta t$。

CCD 最基本的结构是一系列彼此非常靠近的 MOS 电容器,这些电容器用同一半导体衬底制成,衬底上面涂覆一层氧化层,并在其上制作许多互相绝缘的金属电极,相邻电极之间仅隔极小的距离,保证相邻势阱耦合及电荷转移。对于可移动的电荷信号都将力图向表面势大的位置移动。为保证信号电荷按确定方向和路线转移,在各电极上所加的电压严格满足相位要求,下面以三相(也有二相和四相)时钟脉冲控制方式为例说明电荷定向转移的过程。把 MOS 光敏元电极分成 3 组,在其上面分别施加 3 个相位不同的控制电压 ϕ_1,ϕ_2,ϕ_3 控制电压 ϕ_1,ϕ_2,ϕ_3 的波形。

2. 线型 CCD 图像传感器

线型 CCD 图像传感器由一列 CCD 光敏元件与一列并行且对应的构成一个主体,在它们之间设有一个转移控制栅。在每一个光敏元件上都有一个梳状公共电极,由一个型沟阻使其在电气上隔开。当入射光照射在光敏元件阵列上,梳状电极施加高电压时,光敏元件聚集光电荷,进行光积分,光电荷与光照强度和光积分时间成正比。

在光积分时间结束时,转移栅上的电压提高(平时低电压),与 CCD 对应的电极也同时处于高电压状态。然后,降低梳状电极电压,各光敏元件中所积累的光电电荷并行地转移到移位寄存器中。当转移完毕,转移栅电压降低,梳妆电极电压回复原来的高电压状态,准备下一次光积分周期。同时,在电荷耦合移位寄存器上加上时钟脉冲,将存储的电荷从 CCD 中转移,由输出端输出。这个过程重复地进行就得到相继的行输出,从而读出电荷图形。

实用的线型 CCD 图像传感器为双行结构,如图 8-2-17(b)所示。单、双数光敏元件中的信号电荷分别转移到上、下方的移位寄存器中,在控制脉冲的作用下,自左向右移动,在输出端交替合并输出,就形成了原来光敏信号电荷的顺序。

3. 面型 CCD 图像传感器

面型 CCD 图像传感器是按一定的方式将一维线型光敏单元及移位寄存器排列成二维阵

列,即可以构成面型 CCD 图像传感器。面型 CCD 图像传感器有 3 种基本类型:线转移型、帧转移型和行间转移型,如图 8-2-18 所示。

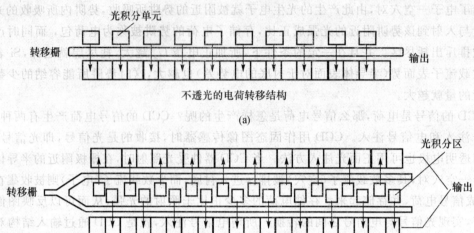

(a)

(b)

图 8-2-17 线型 CCD 图像传感器

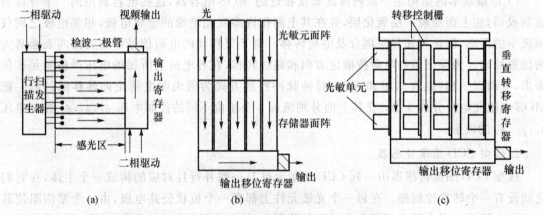

(a)   (b)   (c)

图 8-2-18 面型 CCD 图像传感器结构

(a)线转移型;(b)帧转移型;(c)行间转移型

图 8-2-18(a)为线转移面型 CCD 的结构图。它由行扫描发生器、感光区和输出寄存器等组成。行扫描发生器将光敏元件内的信息转移到水平(行)方向上,驱动脉冲将信号电荷一位位地按箭头方向转移,并移入输出寄存器,输出寄存器亦在驱动脉冲的作用下使信号电荷经输出端输出。这种转移方式具有有效光敏面积大,转移速度快,转移效率高等特点,但电路比较复杂,易引起图像模糊。

图 8-2-18(b)为帧转移面型 CCD 的结构图。它由光敏元面阵(感光区)、存储器面阵和输出移位寄存器三部分构成。图像成像到光敏元面阵,当光敏元的某一相电极加有适当的偏压时,光生电荷将收集到这些光敏元的势阱里,光学图像变成电荷包图像。当光积分周期结束时,信号电荷迅速转移到存储器面阵,经输出端输出一帧信息。当整帧视频信号自存储器面阵移出后,就开始下一帧信号的形成。这种面型 CCD 的特点是结构简单,光敏单元密度高,但增

加了存储区。

图 8-2-18(c)所示结构是用得最多的一种结构形式。它将光敏单元与垂直转移寄存器交替排列。在光积分期间,光生电荷存储在感光区光敏单元的势阱里;当光积分时间结束,转移栅的电位由低变高,信号电荷进入垂直转移寄存器中。随后,一次一行地移动到输出移位寄存器中,然后移位到输出器件,在输出端得到与光学图像对应的一行行视频信号。这种结构的感光单元面积减小,图像清晰,但单元设计复杂。面型 CCD 图像传感器主要用于摄像机及测试技术。

光电传感器特长

(1)检测距离长:如果在对射型中保留 10m 以上的检测距离等,便能实现其他检测手段(磁性、超声波等)无法离检测。

(2)对检测物体的限制少:由于以检测物体引起的遮光和反射为检测原理,所以不象接近传感器等将检测物体限定在金属,它可对玻璃、塑料、木材、液体等几乎所有物体进行检测。

(3)响应时间短:光本身为高速,并且传感器的电路都由电子零件构成,所以不包含机械性工作时间,响应时间非常短。

(4)分辨率高:能通过高级设计技术使投光光束集中在小光点,或通过构成特殊的受光光学系统,来实现高分辨率。也可进行微小物体的检测和高精度的位置检测。

(5)可实现非接触的检测:可以无须机械性地接触检测物体实现检测,因此不会对检测物体和传感器造成损伤。因此,传感器能长期使用。

(6)可实现颜色判别:通过检测物体形成的光的反射率和吸收率根据被投光的光线波长和检测物体的颜色组合而有所差异。利用这种性质,可对检测物体的颜色进行检测。

(7)便于调整:在投射可视光的类型中,投光光束是眼睛可见的,便于对检测物体的位置进行调整。

项目三 光电传感器的应用

学 习 任 务

掌握各个光电传感器的应用。

相 关 理 论

光电检测方法具有精度高、反应快、非接触等优点,而且可测参数多,传感器的结构简单,形式灵活多样,体积小。近年来,随着光电技术的发展,光电传感器已成为系列产品,其品种及产量日益增加,用户可根据需要选用各种规格产品,在各种轻工自动机上获得广泛的应用。

一、火焰探测报警器

图 8-3-1 是采用以硫化铅光敏电阻为探测元件的火焰探测器电路图。硫化铅光敏电阻的暗电阻为 1MΩ，亮电阻为 0.2MΩ（在光强度 0.01W/m² 下测试），峰值响应波长为 2.2μm，硫化铅光敏电阻处于 V_1 管组成的恒压偏置电路，其偏置电压约为 6V，电流约为 6μA。V_1 管集电极电阻两端并联 68μF 的电容，可以抑制 100Hz 以上的高频，使其成为只有数 10Hz 的窄带放大器。V_2，V_3 构成二级负反馈互补放大器，火焰的闪动信号经二级放大后送给中心控制站进行报警处理。采用恒压偏置电路是为了在更换光敏电阻或长时间使用后，器件阻值的变化不至于影响输出信号的幅度，保证火焰报警器能长期稳定的工作。

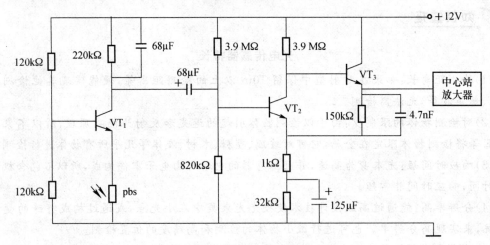

图 8-3-1　火焰探测报警器电路图

二、光电式纬线探测器

光电式纬线探测器是应用于喷气织机上，判断纬线是否断线的一种探测器。当纬线在喷气作用下前进时，红外发光管 VD 发出的红外光，经纬线反射，由光电池接收，如光电池接收不到反射信号时，说明纬线已断。因此利用光电池的输出信号，通过后续电路放大、脉冲整形等，控制机器正常运转还是关机报警。

由于纬线线径很细，又是摆动着前进，形成光的漫反射，削弱了反射光的强度，而且还伴有背景杂散光，因此要求探纬器具有高的灵敏度和分辨率。为此，红外发光管 VD 采用占空比很小的强电流脉冲供电，这样既能保证发光管使用寿命，又能在瞬间有强光射出，以提高检测灵敏度。一般来说，光电池输出信号比较小，需经放大、脉冲整形，以提高分辨率。

三、光电式带材跑偏检测器

带材跑偏检测器用来检测带型材料在加工中偏离正确位置的大小及方向，从而为纠偏控制电路提供纠偏信号，主要用于印染、送纸、胶片、磁带生产过程中。光电式带材跑偏检测器原理如图 8-3-2 所示。光源发出的光线经过透镜 1 会聚为平行光束，投向透镜 2，随后被会聚到光敏电阻上。在平行光束到达透镜 2 的途中，有部分光线受到被测带材的遮挡，使传到光敏电阻的光通量减少。

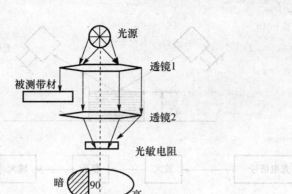

图 8-3-2　材跑偏检测器工作原理

图 8-3-3 为测量电路简图。R_1，R_2 是同型号的光敏电阻。R_1 作为测量元件装在带材下方，R_2 用遮光罩罩住，起温度补偿作用。当带材处于正确位置（中间位）时，由 R_1，R_2，R_3，R_4 组成的电桥平衡，使放大器输出电压 u_0 为 0。当带材左偏时，遮光面积减少，光敏电阻 R_1 阻值减少，电桥失去平衡。差动放大器将这一不平衡电压加以放大，输出电压为负值，它反映了带材跑偏的方向及大小。反之，当带材右偏时，u_0 为正值。输出信号 u_0 一方面由显示器显示出来，另一方面被送到执行机构，为纠偏控制系统提供纠偏信号。

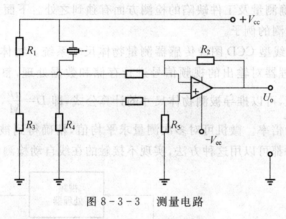

图 8-3-3　测量电路

四、包装充填物高度检测

用容积法计量包装的成品，除了对重量有一定误差范围要求外，一般还对充填高度有一定的要求，以保证商品的外观质量，不符合充填高度的成品将不许出厂。图 8-3-4 所示为借助光电检测技术控制充填高度的原理。当充填高度偏差太大时，光电接头没有电信号，即由执行机构将包装物品推出进行处理。

利用光电开关还可以进行产品流水线上的产量统计、对装配件是否到位及装配质量进行检测，例如灌装时瓶盖是否压上、商标是否漏贴，以及送料机构是否断料等。

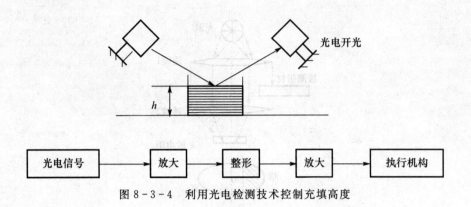

图 8-3-4 利用光电检测技术控制充填高度

五、CCD 图像传感器应用

CCD 图像传感器在许多领域内获得了广泛的应用。前面介绍的电荷耦合器件(CCD)具有将光像转换为电荷分布,以及电荷的存储和转移等功能,所以它是构成固态图像传感器的主要光敏器件,取代了摄像装置中的光学扫描系统或电子束扫描系统。

CCD 图像传感器具有高分辨率和高灵敏度,具有较宽的动态范围,这些特点决定了它可以广泛应用于自动控制和自动测量,尤其适用于图像识别技术。CCD 图像传感器在检测物体的位置、工件尺寸的精确测量及工件缺陷的检测方面有独到之处。下面是一个利用 CCD 图像传感器进行工件尺寸检测的例子。

图 8-3-5 为应用线型 CCD 图像传感器测量物体尺寸系统。物体成像聚焦在图像传感器的光敏面上,视频处理器对输出的视频信号进行存储和数据处理,整个过程由微机控制完成。根据光学几何原理,可以推导被测物体尺寸的计算公式,即 $D = \dfrac{np}{M}$,式中:n 为的光敏像素数;p 为像素间距;M 为倍率。微机可对多次测量求平均值,精确得到被测物体的尺寸。任何能够用光学成像的零件都可以用这种方法,实现不接触的在线自动检测的目的。

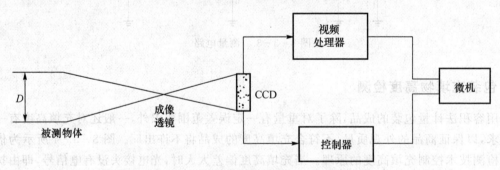

图 8-3-5 CCD 图像传感器工件尺寸检测系统

项目四　光纤传感器

(1)掌握光纤结构及其传光原理。

(2)了解光纤基本特性。

(3)掌握光纤传感器的工作原理及组成。

(4)掌握光纤传感器的应用。

光纤传感器和传统的各类传感器相比有一定的优点,如不受电磁干扰,体积小,重量轻,可绕曲,灵敏度高,耐腐蚀,高绝缘强度,防爆性好,集传感与传输于一体,能与数字通信系统兼容等。光纤传感器能用于温度、压力、应变、位移、速度、加速度、磁、电、声和 pH 值等 70 多个物理量的测量,在自动控制、在线检测、故障诊断、安全报警等方面具有极为广泛的应用潜力和发展前景。

一、光纤结构及其传光原理

1.光纤结构

光导纤维简称光纤,它是一种特殊结构的光学纤维如图 8-4-1 所示。

中心的圆柱体叫纤芯,围绕着纤芯的圆形外层叫包层。纤芯和包层通常由不同掺杂的石英玻璃制成。纤芯的折射率 n_1 略大于包层的折射率 n_2,光纤的导光能力取决于纤芯和包层的性质。在包层外面还常有一层保护套,多为尼龙材料,以增加机械强度。

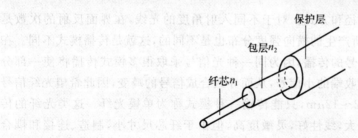

图 8-4-1　光纤的基本结构

2.光纤传光原理

众所周知,光在空间是直线传播的。在光纤中,光的传输限制在光纤中,并随着光纤能传送很远的距离,光纤的传输是基于光的全内反射。设有一段圆柱形光纤,如图 8-4-2 所示它的两个端面均为光滑的平面。当光线射入一个端面并与圆柱的轴线成 θ_i 角时,在端面发生折射进入光纤后,又以 φ_i 角入射至纤芯与包层的界面,光线有一部分透射到包层,一部分反射回纤芯。但当入射角 θ_i 小于临界入射角 θ_c 时,光线就不会透射界面,而全部被反射,光在纤芯和包层的界面上反复逐次全反射,呈锯齿波形状在纤芯内向前传播,最后从光纤的另一端面射出,这就是光纤的传光原理。

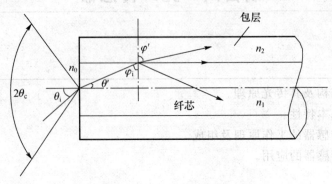

图 8 - 4 - 2　光纤的传光原理

二、光纤基本特性

1. 数值孔径(NA)

数值孔径(NA)定义为

$$NA = \sin\theta_c = \frac{1}{n_0}\sqrt{n_1^2 - n_2^2} \qquad (8-3)$$

数值孔径是表征光纤集光本领的一个重要参数,即反映光纤接收光量的多少。其意义是:无论光源发射功率有多大,只有入射角处于 $2\theta_c$ 的光椎角内,光纤才能导光。如入射角过大,光线便从包层逸出而产生漏光。光纤的 NA 越大,表明它的集光能力越强,一般希望有大的数值孔径,这有利于提高耦合效率;但数值孔径过大,会造成光信号畸变。所以要适当选择数值孔径的数值,如石英光纤数值孔径一般为。

2. 光纤模式

光纤模式是指光波传播的途径和方式。对于不同入射角度的光线,在界面反射的次数是不同的,传递的光波之间的干涉所产生的横向强度分布也是不同的,这就是传播模式不同。在光纤中传播模式很多不利于光信号的传播,因为同一种光信号采取很多模式传播将使一部分光信号分为多个不同时间到达接收端的小信号,从而导致合成信号的畸变,因此希望光纤信号模式数量要少,一般纤芯直径为 $2\sim12\mu m$,只能传输一种模式称为单模光纤。这类光纤的传输性能好,信号畸变小,信息容量大,线性好,灵敏度高,但由于纤芯尺寸小,制造、连接和耦合都比较困难。纤芯直径较大($50\sim100\mu m$),传输模式较多称为多模光纤。这类光纤的性能较差,输出波形有较大的差异,但由于纤芯截面积大,故容易制造,连接和耦合比较方便。

3. 光纤传输损耗

光纤传输损耗主要来源于材料吸收损耗、散射损耗和光波导弯曲损耗。目前常用的光纤材料有石英玻璃、多成分玻璃、复合材料等。在这些材料中,由于存在杂质离子、原子的缺陷等都会吸收光,从而造成材料吸收损耗。

散射损耗主要是由于材料密度及浓度不均匀引起的,这种散射与波长的 4 次方成反比。因此散射随着波长的缩短而迅速增大。所以可见光波段并不是光纤传输的最佳波段,在近红外波段($1\sim1.7\mu m$)有最小的传输损耗。因此长波长光纤已成为目前发展的方向。光纤拉制时粗细不均匀,造成纤维尺寸沿轴线变化,同样会引起光的散射损耗。另外纤芯和包层界面的不光滑、污染等,也会造成严重的散射损耗。

光波导弯曲损耗是使用过程中可能产生的一种损耗。光波导弯曲会引起传输模式的转换,激发高阶模进入包层产生损耗。当弯曲半径大于 10cm 时,损耗可忽略不计。

三、光纤传感器

1.光纤传感器的工作原理及组成

光纤传感器原理实际上是研究光在调制区内,外界信号(温度、压力、应变、位移、振动、电场等)与光的相互作用,即研究光被外界参数的调制原理。外界信号可能引起光的强度、波长、频率、相位、偏振态等光学性质的变化,从而形成不同的调制。

光纤传感器一般分为两大类:一类是利用光纤本身的某种敏感特性或功能制成的传感器,称为功能型(FF)传感器,又称为传感型传感器;另一类是光纤仅仅起传输光的作用,它在光纤端面或中间加装其它敏感元件感受被测量的变化,这类传感器称为非功能型(NFF)传感器,又称为传光型传感器。

在用途上,非功能型传感器要多于功能型传感器,而且非功能型传感器的制作和应用也比较容易,所以目前非功能型传感器品种较多。功能型传感器的构思和原理往往比较巧妙,可解决一些特别棘手的问题。但无论哪一种传感器,最终都利用光探测器将光纤的输出变为电信号。

光纤传感器由光源、敏感元件(光纤或非光纤的)、光探测器、信号处理系统以及光纤等组成,如图 8-4-3 所示。由光源发出的光通过源光纤引到敏感元件,被测参数作用于敏感元件,在光的调制区内,使光的某一性质受到被测量的调制,调制后的光信号经接收光纤耦合到光探测器,将光信号转换为电信号,最后经信号处理得到所需要的被测量。

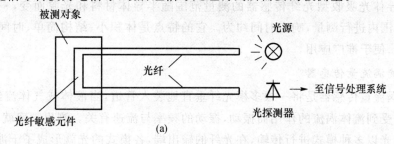

(a)

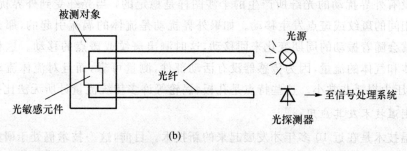

(b)

图 8-4-3　光纤传感器组成示意图

(a)传感型;(b)传光型

2.光纤传感器的应用

(1)光纤加速度传感器。光纤加速度传感器是一种简谐振子的结构形式。激光束通过分光板后分为两束光,透射光作为参考光束,反射光作为测量光束。当传感器感受加速度时,由于质量块对光纤的作用,从而使光纤被拉伸,引起光程差的改变。相位改变的激光束由单模光纤射出后与参考光束会合产生干涉效应。激光干涉仪干涉条纹的移动可由光电接收装置转换为电信号,经过信号处理电路处理后便可以正确地测出加速度值。

(2)光纤温度传感器。光纤温度传感器是目前仅次于加速度、压力传感器而被广泛使用的光纤传感器。根据工作原理它可分为相位调制型、光强调制型和偏振光型等。这里仅介绍一种光强调制型的半导体光吸收型光纤传感器,图8-4-4所示为这种传感器的结构原理图。传感器是由半导体光吸收器、光纤、光源和包括光探测器在内的信号处理系统等组成的。光纤是用来传输信号,半导体光吸收器是光敏感元件,在一定的波长范围内,它对光的吸收随温度变化而变化。半导体材料的光透过率特性曲线随温度的增加向长波方向移动,如果适当地选定一种在该材料工作波长范围内的光源,那么就可以使透射过半导体材料的光强随温度而变化,探测器检测输出光强的变化即达到测量温度的目的。

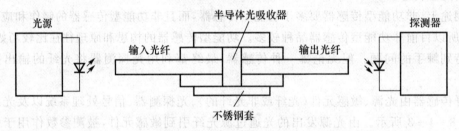

图8-4-4 半导体光吸收型光纤温度传感器结构原理图

这种半导体光吸收型光纤传感器的测量范围随半导体材料和光源而变,一般在-100~300℃温度范围内进行测量,响应时间约为。它的特点是体积小、结构简单、时间响应快、工作稳定、成本低、便于推广应用。

3.光纤旋涡流量传感器

光纤旋涡流量传感器是将一根多模光纤垂直地装入管道,当液体或气体流经与其垂直的光纤时,光纤受到流体涡流的作用而振动,振动的频率与流速有关。测出频率就可知流速。在多模光纤中,光以多种模式进行传输,在光纤的输出端,各模式的光就形成了干涉图样,这就是光斑。一根没有外界扰动的光纤所产生的干涉图样是稳定的,当光纤受到外界扰动时,干涉图样的明暗相间的斑纹或斑点发生移动。如果外界扰动是流体的涡流引起的,那么干涉图样斑纹或斑点就会随着振动的周期变化来回移动,这时测出斑纹或斑点的移动。这种流体传感器可测量液体和气体的流量,因为传感器没有活动部件,测量可靠,而且对流体流动不产生阻碍作用,因此压力损耗非常小。这些特点是孔板、涡轮等许多传统流量计所无法比拟的。

4.光纤测温技术及其应用

光纤测温技术是在近10多年才发展起来的新技术。目前,这一技术仍处于研究发展和逐步推广实用的阶段。在某些传统方法难以解决的测温场合,已逐渐显露出它的某些优异特性。但是,正像其他许多新技术一样,光纤测温技术并不能用来全面代替传统方法,它仅是对传统测温方法的补充。应充分发挥它的特长,有选择地用于下列常规测温方法和普通测温仪表难以胜任的场合。

(1)对采用普通测温仪表可能造成较大测量误差,甚至无法正常工作的强电磁场范围内的目标物体进行温度测量。如金属的高频熔炼与橡胶的硫化、木材与织物、食品、药品等的微波加热烘烤过程的炉内温度测量。光纤测温技术在这些领域中有着绝对优势,因为它既无导电部分引起的附加升温,又不受电磁场的干扰,因而能保证测量温度的准确性。

(2)高温介质的温度测量。在冶金工业中,当温度高于1300℃或1700℃时,或者温度虽不高但使用条件恶劣时,尚存在许多测温难题。充分发挥光纤测温技术的优势,其中有些难题可望得到解决。例如,钢水和铁液在连轧和连铸过程中的连续测温问题。

当然,作为一项新技术如何降低生产制造成本,使其产业化、标准化直至广泛实际应用其中还有许多关键技术与工艺需要人们继续努力去攻克、研究与开发。图8-4-5是某(功能型)光纤温度测量系统框图。

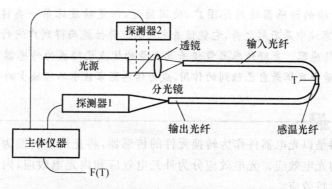

图8-4-5　(功能型)光纤温度测量系统框图

图8-4-6为(非功能型)光纤辐射温度计结构示意图。光纤辐射温度计的光纤可以直接延伸为敏感探头,也可以经过耦合器,用刚性光导棒延伸。

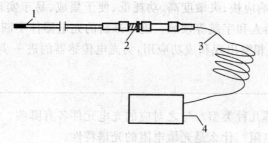

图8-4-6　(非功能型)光纤辐射温度计
1—光纤头;2—耦合器;3—光纤;4—主体仪器

典型光纤辐射温度计的测温范围为200~4000℃,分辨率可达0.01℃,在高温时精确度可优于±0.2%读数值,其探头耐温一般可达300℃,加冷却后可到500℃。

(3)高压电器的温度测量。最典型的应用是高压变压器绕组热点的温度测量。英国电能研究中心从20世纪70年代中期就开始潜心研究这一课题,起初是为了故障诊断与预报,现在由于计算机电能管理的应用,便转入了安全过载运行,使系统处于最佳功率分配状态。另一类可能应用的场合是各种高压装置,如发电机、高压开关、过载保护装置等。

(4)易燃易爆物的生产过程与设备的温度测量。光纤传感器在本质上是防火防爆器件,它不需要采用隔爆措施,十分安全可靠。

 **知识链接**

光纤传感器流量计原理

另外一个大类的光纤传感器是利用光纤的传感器。其结构大致如下:传感器位于光纤端部,光纤只是光的传输线,将被测量的物理量变换成为光的振幅,相位或者振幅的变化。在这种传感器系统中,传统的传感器和光纤相结合。光纤的导入使得实现探针化的遥测提供了可能性。这种光纤传输的传感器适用范围广,使用简便,但是精度比第一类传感器稍低。

光纤在传感器家族中是后起之秀,它凭借着光纤的优异性能而得到广泛的应用,是在生产实践中值得注意的一种传感器。光纤传感器凭借着其大量的优点已经成为传感器家族的后起之秀,并且在各种不同的测量中发挥着自己独到的作用,成为传感器家族中不可缺少的一员。

单 元 提 炼

光电式传感器是以光电器件作为转换元件的传感器,将光信号转换为电信号。它的转换原理是基于物质的光电效应。光电效应分为外光电效应和内光电效应,内光电效应又分为光电导效应和光生伏特效应。

本章针对光电传感的各种器件进行了简介,例如光电管、光电倍增管、光敏电阻、光敏二极管和光敏晶体管、光电池、光电耦合器件、电荷耦合器件等。还讲述了光电传感器的应用,例如火焰探测报警器、光电式纬线探测器、包装充填物高度检测、CCD 图像传感器应用。通过对光电传感器件及应用的学习,使我们更进一步的了解光电传感器的性能。

光电式传感器具有响应快、灵敏度高、功耗低、便于集成、易于实现非接触测量等优点,广泛应用于自动控制、机器人和宇航等领域。近年来新的光电器件不断涌现,CCD 图像传感器、CMOS 图像传感器等的相继出现和成功应用,为光电传感器的进一步应用开创了新的一页。

单 元 练 习

8.1 光电效应有哪几种类型?与之对应的光电元件各有哪些?

8.2 什么是光敏电阻?什么是光敏电阻的光谱特性。

8.3 简述光电传感器件。

8.4 简述光电传感器的应用

8.5 简述光纤传感器的作用。

第九单元　数字式传感器

数字式传感器是把被测模拟量直接转换成数字信号输出,是测试技术、微电子技术与计算机技术相结合的产物,是传感器技术发展的重要方向之一。

目前,常用的数字式传感器有四大类:栅式数字传感器;编码器;频率/数字输出式数字传感器;感应同步器式的数字传感器。

编译器又称代码型传感器,工作原理是把一定量的输入量转换为一个二进制的0和1代码输出。二进制代码中的高、低电平可以用光电元件或机械接触式元件输出。用来检测执行元件的位置和速度,如绝对式光电脉冲编码器、接触式编码盘等。

脉冲数字型传感器又称记数型数字式传感器。它可以是任何一种脉冲发生器所发出的脉冲数,脉冲数与输入量成正比,加上计数器就可以对输入量进行计数,可用来检测执行机构的位移量,也可用来检测输送带上通过的产品个数。执行机构每移动一定距离或转动一定角度,传感器就会发出一个脉冲信号,如增量式光电脉冲编码器和光栅传感器等。

项目一　光栅传感器

学习任务

(1)掌握光栅的分类及结构。

(2)了解光栅测量原理。

(3)了解光栅读数头、光栅数显表。

相关理论

光栅传感器主要用于长度和角度的精密测量以及数控系统的位置检测等,光栅传感器具有许多优点,如可实现大量程高精度测量和动态测量,易于实现测量及数据处理的自动化,具有较强的抗干扰能力、容易实现动态测量和自动测量,以及数字显示等特点,在数控机床的伺服系统等精度测量中有着广泛的应用。

一、光栅的分类及结构

1.光栅的分类

光栅按其原理和用途可分为物理光栅和计量光栅。物理光栅刻线细条,利用光的衍射现象,主要用于光谱分析和光波长等参数的测量;在几何量的计量中使用的光栅称为计量光栅,计量光栅主要利用莫尔现象实现对长度、角度、速度、加速度、振动等几何量的测量。

光栅按其透射形式可分为透射式光栅和反射式光栅。透射式光栅采用玻璃材料,反射式光栅采用金属材料。

按光栅表面结构不同,可分为幅值光栅(又叫黑白光栅)和相位光栅(又叫闪耀光栅)。按光栅应用分类,可分为长光栅和圆光栅。目前还发展了激光全息光栅和偏振光栅等新型光栅。

2.光栅结构

所谓光栅,是在刻画基面上等间距(或不等间距)地密集刻画,是刻画处不透光,未刻画处透光,形成透光与不透光相间排列构成的光学器件。简单地说,由大量等间距的平行狭缝所组成的光学器件称为光栅。图9-1-1所示为透射光栅的示意图。光栅上的刻画线称为栅线。图中为栅线的宽度(不透光),b为栅线间宽(透光),$W = a + b$称为光栅的栅距(也称光栅常数)。通常$a = b = W/2$,也可刻成$a : b = 1.1 : 0.9$。目前常用的光栅每毫米刻成10,25,50,100,250条线条。

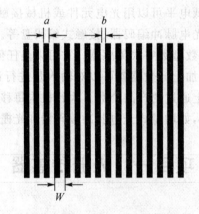

图9-1-1 透射光栅示意图

圆光栅有3种形式:第一种是径向光栅,其栅线的延长线通过圆心;第二种是切线光栅,其栅线的延长线与光栅盘中的一个小同心圆相切;第三种是环形光栅,其栅线为一簇等距同心圆。圆光栅通常在圆盘上刻有1080~64800条线。

二、光栅测量原理

光栅传感器的基本工作原理是利用光栅的莫尔条纹现象,将被测几何量转换为莫尔条纹的变化。再将莫尔条纹的变化经过光电转换系统转换成电信号,从而实现对几何量的精密测量。

把两块栅距相等的光栅(光栅1、光栅2)面向对叠合在一起,中间留有很小的间隙,并使两者的栅线之间形成一个很小的夹角θ,如图9-1-2所示,这样就可以看到在近于垂直栅线方向上出现明暗相间的条纹,这些条纹叫莫尔条纹。由图9-1-2可见,在$d-d$线上,两块光栅的栅线重合,透光面积最大,形成条纹的亮带,它是由一系列四棱形图案构成的;在$f-f$线上,两块光栅的栅线错开,形成条纹的暗带,它是由一些黑色叉线图案组成的。因此莫尔条纹的形成是由两块光栅的遮光和透光效应形成的。

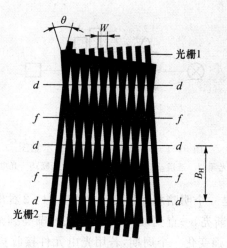

图 9 - 1 - 2　光栅莫尔条纹的形式

莫尔条纹测位移具有以下三方面的特点。

（1）位移的放大作用。当光栅每移动一个光栅栅距 W 时,莫尔条纹也跟着移动一个条纹宽度 B_H,如果光栅作反向移动,条纹移动方向也相反。莫尔条纹的间距 B_H 与两光栅线纹夹角之间的关系为

$$B_H = \frac{W}{\sin\frac{\theta}{2}} \approx \frac{W}{\theta} \qquad (9-1)$$

θ 越小,B_H 越大,这相当于把栅距 W 放大了 $1/\theta$ 倍。例如,若 $\theta = 0.1°$,则 $1/\theta \approx 573$,即莫尔条纹宽度 B_H 是栅距 W 的 573 倍,这相当于把栅距放大了 573 倍,说明光栅具有位移放大作用,从而提高了测量的灵敏度。

（2）莫尔条纹移动方向。如光栅 1 沿着刻线垂直方向向右移动时,莫尔条纹将沿着光栅 2 的栅线向上移动;反之,当光栅 1 向左移动时,莫尔条纹沿着光栅 2 的栅线向下移动。因此根据莫尔条纹移动方向就可以对光栅 1 的运动进行辨向。

（3）误差的平均效应。莫尔条纹由光栅的大量刻线形成,对线纹的刻划误差有平均抵消作用,能在很大程度上消除短周期误差的影响。这是光栅传感器精度高的重要原因。

三、光栅传感器的组成

光栅传感器作为一个完整的测量装置包括光栅读数头、光栅数显表两大部分。光栅读数头利用光栅原理把输入量（位移量）转换成响应的电信号;光栅数显表是实现细分、辨向和显示功能的电子系统。

（1）光栅读数头。光栅读数头主要由标尺光栅、指示光栅、光路系统和光电元件等组成。标尺光栅的有效长度即为测量范围。指示光栅比标尺光栅短得多,但两者一般刻有同样的栅距,使用时两光栅互相重叠,两者之间有微小的空隙。标尺光栅一般固定在被测物体上,且随被测物体一起移动,其长度取决于测量范围,指示光栅相对于光电元件固定。光栅读数头的结构示意图如图 9 - 1 - 3 所示。

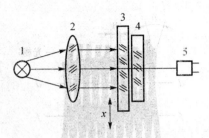

图 9-1-3 光栅读数头结构示意图

1—光源；2—透镜；3—标尺光栅；4—指标光栅；5—光电元件

上述分析的莫尔条纹是一个明暗相间的带。从图 9-1-2 看出，两条暗带中心线之间的光强变化是从最暗到渐暗，到渐亮，一直到最亮，又从最亮经渐亮到渐暗，再到最暗的渐变过程。主光栅移动一个栅距 W，光强变化一个周期，若用光电元件接收莫尔条纹移动时光强的变化，则将光信号转换为电信号，接近于正弦周期函数，如以电压输出，即

$$u_o = U_o + U_m \sin\left(\frac{\pi}{2} + \frac{2x\pi}{W}\right) \tag{9-2}$$

式中，u_o 为光电元件输出的电压信号；U_o 为输出信号中的平均直流分量；U_m 为输出信号中正弦交流分量的幅值。

由式（9-2）可见，输出电压反映了位移量的大小。

（2）光栅数显表。光栅读数头实现了位移量由非电量转换为电量，位移是向量，因而对位移量的测量除了确定大小之外，还应确定其方向。为了辨别位移的方向，进一步提高测量的精度，以及实现数字显示的目的，必须把光栅读数头的输出信号送入数显表作进一步的处理。光栅数显表由整形放大电路、细分电路、辨向电路及数字显示电路等组成。

1）辨向原理。光栅传感器在应用过程中通常会遇到被测量物体的移动方向正反都有。虽然莫尔条纹的移动方向可以随着被测物体运动方向的改变而改变，但是单个光电元件在一个固定点上接收莫尔条纹的信号时，只能记录条纹的数目，不能辨识条纹移动的方向。因此光栅传感器存在一个辨向问题。

采用图 9-1-3 中一个光电元件的光栅读数头，无论主光栅作正向还是反向移动，莫尔条纹都作明暗交替变化，光电元件总是输出同一规律变化的电信号，此信号不能辨别运动方向。为了能够辨向，需要有相位差为 $\pi/2$ 的两个电信号。图 9-1-4 所示为辨向的工作原理和它的逻辑电路。在相隔间 $B_{H/4}$ 距的位置上，放置两个光电元件 1 和 2，得到两个相位差 $\pi/2$ 的电信号 u_1 和 u_2（图中波形是消除直流分量后的交流分量），经过整形后得两个方波信号 u_1' 和 u_2'。从图 9-1-4 中波形的对应关系可看出，当光栅沿 A 方向移动时，u_1' 经微分电路后产生的脉冲，正好发生在 u_2' 的"1"电平时，从而经 Y_1 输出一个计数脉冲；而 u_1' 经反相并微分后产生的脉冲，则与 u_2' 的"0"电平相遇，与门 Y_2 被阻塞，无脉冲输出。在光栅沿 A 方向移动时，u_1' 的微分脉冲发生在 u_2' 为"0"电平时，与门 Y_1 无脉冲输出；而 u_1' 的反相微分脉冲则发生在 u_2' 的"1"电平时，与门 Y_2 输出一个计数脉冲，则说明 u_2' 的电平状态作为与门的控制信号，来控制在不同的移动方向时，u_1' 所产生的脉冲输出。这样就可以根据运动方向正确地给出加计数脉冲或减计数脉冲，再将其输入可逆计数器，实时显示出相对于某个参考点的位移量。

2）细分技术。在前面讨论的光栅测量原理中可知，以移过的莫尔条纹的数量来确定位移

量,其分辨率为光栅栅距。为了提高分辨率和测量比栅距更小的位移量,可采用细分技术。所谓细分,就是在莫尔条纹信号变化一个周期内,发出若干个脉冲,以减小脉冲当量,如一个周期内发出个脉冲,即可使测量精度提高到倍,而每个脉冲相当于原来栅距的 $1/n$。由于细分后计数脉冲频率提高到了 n 倍,因此也称之为 n 倍频。细分方法有机械细分和电子细分两类。下面介绍电子细分法中常用的 4 倍频细分法,这种细分法也是许多其他细分法的基础。

在上述辨向原理中可知,在相差 $B_H/4$ 位置上安装两个光电元件,得到两个相位相差 $\pi/2$ 的电信号。若将这两个信号反相就可以得到 4 个依次相差 $\pi/2$ 的信号,从而可以在移动一个栅距的周期得到 4 个计数脉冲,实现 4 倍频细分。也可以在相差 $B_H/2$ 位置上安放 4 个光电元件来实现 4 倍频细分。这种方法不可能得到高的细分数,因为在一个莫尔条纹的间距内不可能安装更多的光电元件。它有一个优点,就是对莫尔条纹产生的信号波形没有严格要求。

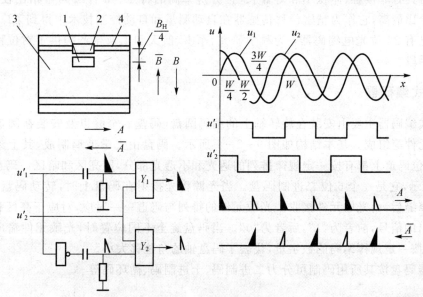

图 9-1-4　辨向逻辑工作原理

1,2-光电元件;3,4-光栅

$A(\overline{A})$——光栅移动方向;$B(\overline{B})$对应的莫尔条纹移动方向

项目二　编码器

学习任务

(1)掌握光电式编码器。

(2)掌握磁编码器。

(3)掌握接触式码盘编码器的结构、工作原理。

(4)掌握脉冲盘式数字传感器。

相关理论

　　将机械转动的模拟量(位移)转换成以数字代码形式表示的电信号,这类传感器称为编码器。编码器以其高精度、高分辨率和高可靠性被广泛用于各种位移的测量。编码器的种类很多,主要分为脉冲盘式(增量编码器)和码盘式编码器(绝对编码器)。

　　脉冲盘式编码器的输出是一系列脉冲,需要一个计数系统对脉冲进行加减(正向或反向旋转时)累计计数,一般还需要一个基准数据即零位基准,才能完成角位移测量。绝对编码器不需要基准数据及计数系统,它在任意位置都可给出与位置相对应的固定数字码输出,能方便地与数字系统(如微机)连接。

　　编码器按其结构形式有接触式、光电式、电磁式等3种,后两种为非接触式编码器。非接触式编码器具有非接触、体积小和寿命长,且分辨率高的特点。3种编码器相比较,光电式编码器的性价比最高,它作为精密位移传感器在自动测量和自动控制技术中得到了广泛的应用。目前我国已有23位光电编码器,为科学研究、军事、航天和工业生产提供了对位移量进行精密检测的手段。

一、光电式编码器

　　光电式编码器主要由安装在旋转轴上的编码圆盘(码盘)、窄缝以及安装在圆盘两边的光源和光敏元件等组成。基本结构如图9-2-1所示。码盘由光学玻璃制成,其上刻有许多同心码道,每位码道上都有按一定规律排列的透光和不透光部分,即亮区和暗区。码盘构造如图9-2-2所示,它是一个6位二进制码盘。当光源将光投射在码盘上时,转动码盘,通过亮区的光线经窄缝后,由光敏元件接收。光敏元件的排列与码道一一对应,对应于亮区和暗区的光敏元件输出的信号,前者为"1",后者为"0"。当码盘旋至不同位置时,光敏元件输出信号的组合,反映出按一定规律编码的数字量,代表了码盘轴的角位移大小。

　　编码器码盘按其所用码制可分为二进制码、十进制码、循环码等。

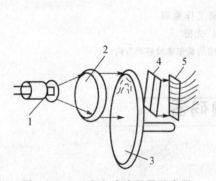

图9-2-1　光电式编码器示意图

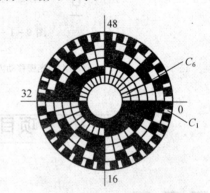

图9-2-2　码盘构造

　　对于图9-2-2所示的6位二进制码盘,最内圈码盘一半透光,一半不透光,最外圈一共分成 $2^6=64$ 个黑白间隔。每一个角度方位对应于不同的编码。例如零位对应于000000(全黑);第23个方位对应于010111。这样在测量时,只要根据码盘的起始和终止位置,就可以确定角位移,而与转动的中间过程无关。一个 n 位二进制码盘的最小分辨率,即能分辨的角度为 $a=360°/2n$,一个6位二进制码盘,其最小分辨的角度 $a \approx 5.6°$。

采用二进制编码器时,任何微小的制作误差,都可能造成读数的粗误差。这主要是因为二进制码当某一较高的数码改变时,所有比它低的各位数码均需同时改变。如果由于刻划误差等原因,某一较高位提前或延后改变,就会造成粗误差。

为了消除粗误差,可用循环码代替二进制码。循环码是一种无权码,从任何数变到相邻数时,仅有一位数码发生变化。如果任一码道刻划有误差,只要误差不太大,且只可能有一个码道出现读数误差,产生的误差最多等于最低位的一个比特。所以只要适当限制各码道的制造误差和安装误差,都不会产生粗误差。由于这一原因使得循环码码盘获得了广泛的应用。对于位循环码码盘,与二进制码一样,具有 $2n$ 种不同编码,最小分辨率 $a=360°/2n$。循环码是一种无权码,这给译码造成一定困难。通常先将它转换成二进制码然后再译码。根据上式用与非门构成循环码 — 二进制码转换器,这种转换器所用元件比较多。如采用存贮器芯片可直接把循环码转换成二进制码或任意进制码。

大多数编码器都是单盘的,全部码道则在一个圆盘上。但如要求有很高的分辨率时,码盘制作困难,圆盘直径增大,而且精度也难以达到。如要达到 $1''$ 左右的分辨率,至少采用20位的码盘。对于一个刻划直径为400mm的20位码盘,其外圈分划间隔不到 $1.2\mu m$,可见码盘的制作不是一件易事,而且光线经过这么窄的狭缝会产生光的衍射。这时可采用双盘编码器,它的特点是由两个分辨率较低的码盘组合成为高分辨率的编码器。

光电编码传感器应用举例 — 钢带式光电编码数字液位计如图9-2-3所示,钢带式光电编码数字液位计是目前油田浮顶式储油罐液位测量普遍应用的一种测量设备。在量程超过20m的应用环境中,液位测量分辨率仍可达到1mm,可以满足计量的精度要求。

这种测量设备主要由编码钢带、读码器、卷带盘、定滑轮、牵引钢带用的细钢丝绳及伺服系统等构成。编码钢带的一端(最大量程读数的一端)系在牵引钢带用的细钢丝绳上,细钢丝绳绕过罐顶的定滑轮系在大罐的浮顶上,编码钢带的另一端绕过大罐底部的定滑轮缠绕在卷带盘上。当大罐液位下降时,细钢丝绳和编码钢带中的张力增大,卷带盘在伺服系统的控制下放出盘内的编码钢带;当大罐液位上升时,细钢丝绳和编码钢带中的张力减小,卷带盘在伺服系统的控制下将编码钢带收入卷带盘内。读码器可随时读出编码钢带上反应液位位置的编码经处理后进行就地显示或以串行码的形式发送给其他设备。

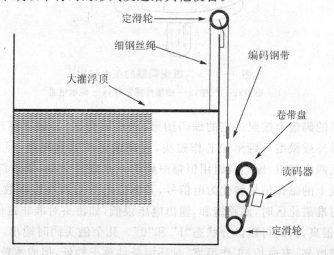

图9-2-3　钢带式光电编码液体计

编码钢带如图 9-2-4 所示。如果最低码位(最低码道数据宽度)为 1m(透光和不透光的部分各为 1m),则需要 15 个码道,即最高码位(最高码道数据宽度)为(16384mm)16.384mm,编码钢带的最大有效长度可达 32.768mm。这样的编码钢带的加工工艺的难度较大,强度也较低,使用起来也不方便。因此有必要采用插值细分技术以减少码道数量,增加最低码道的数据宽度。

如果将最低码道的数据宽度增加到 5mm,次最低码道的数据宽度将为 1cm,在最低码道上应用插值细分技术也可以获得 1m 的分辨率。这样一来,在量程为 20m 的条件下,码道数量将减少到 12 个。

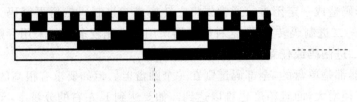

图 9-2-4 编码钢带示意图

二、磁编码器

磁编码器是近几年发展起来的新型传感器。它主要由磁鼓与磁阻探头组成,它的构成如图 9-2-5 所示。多极磁鼓常用的有两种:一种是塑磁磁鼓,在磁性材料中混入适当的粘合剂,注塑成形;另一种是在铝鼓外面覆盖一层粘结磁性材料而制成。多极磁鼓产生的空间磁场由磁鼓的大小和磁层厚度决定,磁阻探头由磁阻元件通过微细加工技术而制成,磁阻元件电阻值仅和电流方向成直角的磁场有关,而与电流平行的磁场无关。

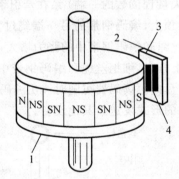

图 9-2-5 磁编码器的基本结构
1— 磁鼓;2— 气隙;3— 磁敏传感部件;4— 磁敏电阻

电磁式编码器的码盘上按照一定的编码图形,做成磁化区(导磁率高)和非磁化区(导磁率低),采用小型磁环或微型马蹄形磁芯作磁头,磁环或磁头紧靠码盘,但又不与码盘表面接触。每个磁头上绕两组绕组,原边绕组用恒幅恒频的正弦信号激励,副边绕组用作输出信号,副边绕组感应码盘上的磁化信号转化为电信号,其感应电势与两绕组匝数比和整个磁路的磁导有关。当磁头对准磁化区时,磁路饱和,输出电压很低,如磁头对准非磁化区,它就类似于变压器,输出电压会很高,因此可以区分状态"1"和"0"。几个磁头同时输出,就形成了数码。电磁式编码器由于精度高,寿命长,工作可靠,对环境条件要求较低,但成本较高。

三、接触式码盘编码器

1.结构与工作原理

接触式码盘编码器由码盘和电刷组成,适用于角位移测量。码盘利用制造印刷电路板的工艺,在铜箔板上制作某种码制(如8－4－2－1码、循环码等)图形的盘式印刷电路板。电刷是一种活动触头结构,在外界力的作用下,旋转码盘时,电刷与码盘接触处就产生某种码制的数字编码输出。现在以四位二进制码盘为例,说明其工作原理和结构。涂黑处为导电区,将所有导电区连接到高电位("1");空白处为绝缘区,为低电位("0")。4 个电刷沿着某一径向安装,四位二进制码盘上有四圈码道,每个码道有一个电刷,电刷经电阻接地。当码盘转动其一角度后,电刷就输出一个数字;码盘转动一周,

电刷就输出 16 种不同的四位二进制数码。由此可知,二进制码盘所能分辨的旋转角度为 $\delta=360/2n$,$n=4$,则 $\delta=22.5$。位数越多,可分辨的角度越小,若取 $n=8$,则 $\delta=1.4°$。当然,可分辨的角度越小,对码盘和电刷的制作和安装要求越严格。当 n 多到一定位数后(一般 $n>8$ 为),这种接触式码盘将难以制作。

8－4－2－1 码制的码盘,由电刷安装不可能绝对精确必然存在机械偏差,这种机械偏差会产生非单值误差。例如,由二进制码 0111 过渡到 1000 时(电刷从区过渡到区),即由 7 变为 8 时,如果电刷进出导电区的先后可能是不一致的,此时就会出现 8~15 间的某个数字。这就是所谓的非单值误差。

2.消除非单值误差的办法

(1)采用循环码(格雷码)。采用循环码制可以消除非单值误差。其编码如前表所示。循环码的特点是任意一个半径径线上只可能一个码道上会有数码的改变,这一持点就可以避免制造或安装不精确而带来的非单值误差。循环码盘结构如图 9－2－6(b)所示。由循环码的特点可知,即使制作和安装不准,产生的误差最多也只是最低位的一个比特。因此采用循环码盘比采用 8－4－2－1 码盘的准确性和可靠性要高的多。

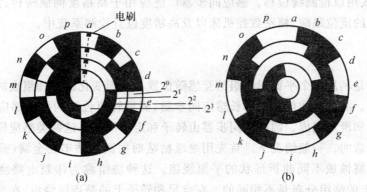

图 9－2－6 接触式四位二进制码盘

(a)8421 码的码盘;(b)4 位循环码的码盘

(2)扫描法。扫描法有 V 扫描、U 扫描以及 M 扫描 3 种。它是在最低值码道上安装一电刷,其他位码道上均安装两个电刷:一个电刷位于被测位置的前边,称为超前电刷;另一个放在被测位置的后边,称为滞后电刷。若最低位码道有效位的增量宽度为 x,则各位电刷对应的距

离依次为 1x,2x,4x,8x 等。这样在每个确定的位置上,最低位电刷输出电平反映了它真正的位值,由于高电位有两只电刷,就会输出两种电平,根据电刷分布和编码变化规律,可以读出真正反映该位置的高位二进制码对应的电平值。当低一级码道上电刷真正输出的是"1"的时候,高一级码道上的真正输出必须从滞后电刷读出;若低一级码道上电刷真正输出的是"0",高一级码道上的真正输出则要从超前电刷读出。由于最低位轨道上只有一个电刷,它的输出则代表真正的位置,这种方法就是 V 扫描法。这种方法的原理是根据二进制码的特点设计的。由于 8－4－2－1 码制的二进制码是从最低位向高位逐级进位的,最低位变化最快,高位逐渐减慢。

当某一个二进制码的第 i 位是时,该二进制码的第 $i+1$ 位和前一个数码的 $i+1$ 位状态是一样的,故该数码的第 $i+1$ 位的真正输出要从滞后电刷读出。相反,当某个二进制码的第 i 位是 0 时,该数码的第 $i+1$ 位的输出要从超前电刷读出。读者可以从表上的数码来证实。

项目三　感应同步器

学 习 任 务

(1)掌握感应同步器构成原理。
(2)了解感应同步器的优点。
(3)了解运行方式和应用。

相 关 理 论

将角度或直线位移信号变换为交流电压的位移传感器,又称平面式旋转变压器。它有圆盘式和直线式两种。在高精度数字显示系统或数控闭环系统中圆盘式感应同步器用以检测角位移信号,直线式用以检测线位移。感应同步器广泛应用于高精度伺服转台、雷达天线、火炮和无线电望远镜的定位跟踪、精密数控机床以及高精度位置检测系统中。

一、构成原理

感应同步器是利用两个平面形绕组的互感随位置不同而变化的原理组成的。可用来测量直线或转角位移。测量直线位移的称长感应同步器,测量转角位移的称圆感应同步器。长感应同步器由定尺和滑尺组成。圆感应同步器由转子和定子组成。这两类感应同步器是采用同一的工艺方法制造的。一般情况下。首先用绝缘粘贴剂把铜箔粘牢在金属(或玻璃)基板上,然后按设计要求腐蚀成不同曲折形状的平面绕组。这种绕组称为印制电路绕组。定尺和滑尺,转子和定子上的绕组分布是不相同的。在定尺和转子上的是连续绕组,在滑尺和定子上的则是分段绕组。分段绕组分为两组,布置成在空间相差相角,又称为正、余弦绕组。感应同步器的分段绕组和连续绕组相当于变压器的一次侧和二次侧线圈,利用交变电磁场和互感原理工作。安装时,定尺和滑尺,转子和定子上的平面绕组面对面地放置。由于其间气隙的变化要影响到电磁耦合度的变化,因此气隙一般必须保持在 0.25 ± 0.05mm 的范围内。工作时,如果在其中一种绕组上通以交流激励电压,由于电磁耦合,在另一种绕组上就产生感应电动势,该电动势随定尺与滑尺(或转子与定子)的相对位置不同呈正弦、余弦函数变化。再通过对此信号的检测处理,便可测量出直线或转角的位移量。当滑尺的正弦和余弦绕组同时励磁时,定尺绕组感应的电动势等于滑尺的正弦、余弦绕组分别励磁时产生的感应电动势之和。

二、感应同步器的优点

(1)具有较高的精度与分辨力。其测量精度首先取决于印制电路绕组的加工精度,温度变化对其测量精度影响不大。感应同步器是由许多节距同时参加工作,多节距的误差平均效应减小了局部误差的影响。目前长感应同步器的精度可达到$\pm 1.5 \mu m$,分辨力 $0.05 \mu m$,重复性 $0.2 \mu m$。直径为 300mm 的圆感应同步器的精度可达$\pm 1''$,分辨力 $0.05''$,重复性 $0.1''$。

(2)抗干扰能力强。感应同步器在一个节距内是一个绝对测量装置,在任何时间内都可以给出仅与位置相对应的单值电压信号,因而瞬时作用的偶然干扰信号在其消失后不再有影响。平面绕组的阻抗很小,受外界干扰电场的影响很小。

(3)使用寿命长,维护简单。定尺和滑尺,定子和转子互不接触,没有摩擦、磨损,所以使用寿命很长。它不怕油污、灰尘和冲击振动的影响,不需要经常清扫。但需装设防护罩,防止铁屑进入其气隙。

(4)可以作长距离位移测量。可以根据测量长度的需要,将若干根定尺拼接。拼接后总长度的精度可保持(或稍低于)单个定尺的精度。目前数 m 到数 10m 的大型机床工作台位移的直线测量,大多采用感应同步器来实现。

(5)工艺性好,成本较低,便于复制和成批生产。由于感应同步器具有上述优点,长感应同步器目前被广泛地应用于大位移静态与动态测量中,例如用于三坐标测量机、程控数控机床及高精度重型机床及加工中测量装置等。圆感应同步器则被广泛地用于机床和仪器的转台以及各种回转伺服控制系统中。

三、运行方式

感应同步器输出电信号很微弱,需配以变换电路,将输出电信号进行处理,以便于准确测量位移大小,基本运行方式有以下 4 种:①单相励磁,两相输出,采用鉴相方式,精确反映位移信号;②单相励磁,两相输出,采用鉴幅方式,较精确反映位移信号;③两相励磁,单相输出,采用鉴相方式,精确反映位移信号;④两相励磁,单相输出,采用鉴幅方式,较精确反映位移信号。

基于多极元件对信号偏差的补偿原理,因感应同步器极对数很多,所以其精度很高。由于其结构简单,工作可靠,性能稳定,已广泛用于机床、航天测试技术等设备和装置中,用来构成角度或位移的精密测量、定位和随动系统,其精度可高达 1 角秒或 $1 \mu m$ 以下。

利用电磁感应原理将两个平面型绕组之间的相对位移转换成电信号的测量元件,用于长度测量工具。感应同步器分为直线式和旋转式两类。前者由定尺和滑尺组成,用于直线位移测量;后者由定子和转子组成,用于角位移测量。1957 年美国的 R. W. 特利普等在美国取得感应同步器的专利,原名是位置测量变压器,感应同步器是它的商品名称,初期用于雷达天线的定位和自动跟踪、导弹的导向等。在机械制造中,感应同步器常用于数字控制机床、加工中心等的定位反馈系统中和坐标测量机、镗床等的测量数字显示系统中。它对环境条件要求较低,能在有少量粉尘、油雾的环境下正常工作。

定尺上的连续绕组的周期为 2mm。滑尺上有两个绕组,其周期与定尺上的相同,但相互错开1/4周期（电相位差90°）。感应同步器的工作方式有鉴相型和鉴幅型的两种。前者是把两个相位差90°、频率和幅值相同的交流电压U_1和U_2分别输入滑尺上的两个绕组，按照电磁感应原理，定尺上的绕组会产生感应电势U。如滑尺相对定尺移动，则U的相位相应变化，经放大后U_1与U_2和比相、细分、计数，即可得出滑尺的位移量。在鉴幅型中，输入滑尺绕组的是频率、相位相同而幅值不同的交流电压，根据输入和输出电压的幅值变化，也可得出滑尺的位移量。由感应同步器和放大、整形、比相、细分、计数、显示等电子部分组成的系统称为感应同步器测量系统。它的测长精确度可达3μm/1000mm，测角精度可达1″/360°。

四、应用

感应同步器已被广泛应用于大位移静态与动态测量中，例如用于三坐标测量机、程控数控机床及高精度重型机床及加工中心测量装置等。

感应同步器利用电磁耦合原理实现位移检测具有明显的优势：可靠性高，抗干扰能力强，对工作环境要求低，在没有恒温控制和环境不好的条件下能正常工作，适应于工业现场的恶劣环境；光栅传感器是依靠光电学机理实现位移量检测，其分辨率高，测量精确，安装使用方便。封闭式的光栅传感器对工作环境适应性强、光栅传感器性能价格比的提高和技术复杂性的降低使其在测长方面有比感应同步器更普遍的应用。

 知识链接

感应同步器的绕组材料：不同而异。对于直线感应同步器多选用导磁材料，热膨胀系数与所安装的主体相同，采用优质碳素结构钢。于这种材料导磁系数高，矫顽磁力小，能增强激磁磁场，又不会有过大的剩余电压。为了保证刚度，一般基板厚度为10mm。

定尺与滑尺上的平面绕组用电解铜箔构成导片，要求厚薄均匀、无缺陷，一般厚度选用0.1mm以下，容许通过的电流密度为5A/mm²。定尺与滑尺上绕组导片和基板的绝缘膜的厚度一般小于0.1mm，绝缘材料一般选用酚醛玻璃环氧丝布和聚乙烯醇缩本丁醛胶或用聚酰胺做固化剂的环氧树脂，这些材料粘着力强、绝缘性好。

滑尺绕组表面上贴一层带绝缘层的铝箔，起静电屏蔽作用，将滑尺用螺钉安装在机械设备上时，铝箔还起着自然接地的作用。它应该足够薄，以免产生较大的涡流。为防止环境的腐蚀性气、液对绕组导片的腐蚀，一般要在导片上涂一层防腐绝缘漆

项目四 频率式数字传感器

学习任务

(1)掌握RC振荡器式频率传感器工作原理。

(2)掌握石英晶体频率式传感器工作原理。

(3)掌握弹性振体频率式传感器工作原理。

频率式数字传感器是能直接将被测非电量转换成与之相对应的、便于处理的频率信号。频率式数字传感器一般有两种类型：

(1)利用振荡器的原理,将被测量的变化改变为振荡器的振荡频率,常用振荡器有 RC 荡电路和石英晶体振荡电路等。

(2)利用机械振动系统,通过其固有振动频率的变化来反映被测参数。

下面列举两例说明频率式数字传感器的工作原理。

一、RC 振荡器式频率传感器

温度 — 频率传感器就是 RC 振荡器式频率传感器的一种。热敏电阻频率式传感器如图 9-4-1 所示。这里利用热敏电阻 R_T 测量温度。R_T 作为 RC 振荡器的一部分,该电路是由运算放大器和反馈网络构成一种文氏电桥正弦波发生器。当外界温度 T 变化时,R_T 的阻值也随之变化,RC 振荡器的频率因此而改变。RC 振荡器的振荡频率由下式决定:$R_T = R_0 e^{B(T-T_0)}$,其中 R_T 与温度 T 的关系为 $f = \dfrac{1}{2\pi}\left[\dfrac{R_3 + R_T + R_2}{C_1 C_2 R_1 R_2 (R_3 + R_T)}\right]^{\frac{1}{2}}$,式中,$B$ 为热敏电阻的温度系数。

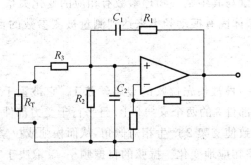

图 9-4-1　热敏电阻频率式传感器

R_T,R_0 分别为温度 T(K)和 T_0(K)时的阻值。电阻 R_2,R_3 的作用是改善其线性特性,流过 R_T 的电流尽可能小以防其自身发热对温度测量的影响。

二、石英晶体频率式传感器

利用石英晶体的谐振特性,可以组成石英晶体频率式传感器。石英晶体本身有其固有的振动频率,当强迫振动频率与它的固有振动频率相同时,就会产生谐振。如果石英晶体谐振器作为振荡器或滤波器时,往往要求它有较高的温度稳定性;而当石英晶体用作温度测量时,则要求它有大的频率温度系数。因此,它的切割方向(切型)不同于用作振荡器或滤波器的石英晶体。当温度在 $-80 \sim +250℃$ 范围时,石英晶体的温度与频率的关系可表示为 $f_1 = f_0(1 + at + bt^2 + ct^3)$,式中 $f_0 - t = 0$ 时的固有频率;a,b,c 为频率温度系数。可以选择一特定切型的石英晶体,使得式中的系数 b 和 c 趋于零。这样切型的晶体具有良好的线性频温系数,其非线性仅相当于 10^{-3} 数量级的温度变化。图 9-4-2 所示为石英晶体频率式温度传感器测量电路框图。晶体的固有谐振频率取决于晶体切片的面积和厚度。在石英晶体频率式温度传感器中,根据温度每变化 1 度振荡频率变化若干赫兹的要求,以及晶体的频温系数,可确定振荡电路的基频。

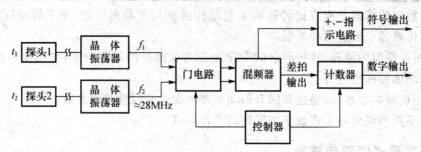

图 9 - 4 - 2　石英晶体频率式温度传感器测量电路框图

三、弹性振体频率式传感器

　　管、弦、钟、鼓等乐器利用谐振原理而可奏乐,这早已为人们所熟知。而把振弦、振筒、振梁和振膜等弹性振体的谐振特性成功地用于传感器技术,这却是近数 10 年的事。弹性振体频率式传感器就是应用振弦、振筒、振梁和振膜等弹性振体的固有振动频率(自振谐振频率)来测量有关参数的。只要被测量与其中某一物理参数有相应的变化关系,我们就可通过测量振弦、振筒、振梁和振膜等弹性振体固有振动频率来达到测量被测参数的目的。这种传感器的最大优点是性能十分稳定

　　1. 振弦式频率传感器

　　传感器的敏感元件是一根被预先拉紧的金属丝弦 1。它被置于激振器所产生的磁场里,两端均固定在传感器受力部件 3 的两个支架 2 上.且平行于受力部件。当堂力部件 3 受到外载荷后,将产生微小的挠曲,致使支架 2 产生相对倾角,从而松弛或拉紧了振弦,振弦的内应力发生变化,使振弦的振动频率相应地变化。振弦的自振频率 f_0 取决于它的长度 l、材料密度 ρ 和内应力 σ,可用表示为 $f_0 = \dfrac{1}{2l}\sqrt{\sigma/\rho}$。图 9 - 4 - 3 所示为某一振弦式传感器的输出－输入特性。

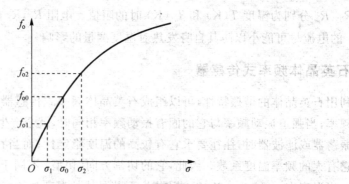

图 9 - 4 - 3　振弦式传感器的输出 － 输入特性

　　由图 9 - 4 - 3 可知,为了得到线性的输出,可在该曲线中选取近似直线的一段。当 σ 在 σ_1 至 σ_2 之间变化时,钢弦的振动频率为 $1000 \sim 2000\,\mathrm{Hz}$ 或更高一些,其非线性误差小于 1%。为了使传感器有一定的初始频率,对钢弦要预加一定的初始内应力 σ_0。

　　图 9-4-4 所示为差动振弦式力传感器.它在圆形弹性膜片 7 的上下两侧安装了两根长度相等的振弦 1,5 它们被固定在支座 2 上,并在安装时加上一定的预紧力。在没有外力作用时,上、下两根振弦所受的张力相同,振动频率亦相同,两频率信号经混频器 12 混频后的差频信号为零。当有外力垂直作用于柱体 4 时,弹性膜片向下弯曲。上侧振弦 5 的张力减小,振动频率减低;下侧振弦 1 的张力增大,振动频率增高。混频器输出两振弦振动频率之差频信号,其频率随着作用力的增大而增高。

　　图中两根振弦应相互垂直,这样可以使作用力不垂直时所产生的测量误差减小。因为侧向作用力在压力膜片四周所产生的应力近似是均匀的,上、下两根振弦所受的张力是相同的,根据差动工作原理,它们所产生的频率变化被互相抵消。因此,传感器对于侧向作用是不敏感的。在图 9-4-5 的基础上,还可利用高强度厚壁空心钢管作受力元件,把 3 根、6 根或更多根振弦均等分布置于管壁的钻孔中,用特殊的夹紧机构把振弦张紧固定,构成多弦式力传感器。

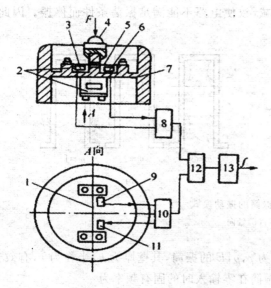

图 9-4-4　差动振弦式力传感器

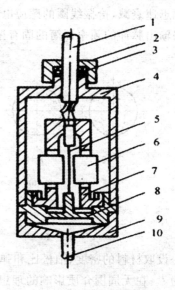

图 9-4-5　振弦式流体压力传感器

　　图 9-4-6 所示为振弦式流体压力传感器,振弦的材料为钨丝,其一端垂直固定在受压板上,另一端固定在支架上。当流体进入传感器后,受压板发生微小的挠曲。改变振弦的内应力,使其频率降低。为保证温度变化时的稳定性,对传感器机械结构的线膨胀系数进行了选择,使其在弦长方向的综合膨胀系数与振弦的膨胀系数大至相等。

　　2.振筒式频率传感器

　　振筒式压力传感器的基本结构如图 9-4-7 所示。振筒是传感器的敏感元件,它是一只壁厚约为 0.5mm 的薄壁圆筒。圆筒的一端封闭,为自由端,另一端固定在基座上。改变筒的壁厚,可以获得不同的测量范围。由于温度变化会影响振筒的物理特性,同时振筒还应具有良好的

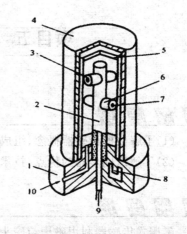

图 9-4-6　振筒式压力传感器的
基本结构

电磁耦合性能,因此筒的材料一般采用恒弹性镍铁合金(3J53),并采用冷挤压和热处理等特殊工艺制成。激振线圈和拾振线圈被置于筒内的支柱上。激振线圈是振筒的激励源,并且补偿振筒固有衰减的能量,使振筒保持振动状态。拾振线圈中有一个永磁体磁极,筒的振动改变了拾振线圈的磁路,从而使拾振线圈上产生一个感应电势。为了防止彼此间的直接耦合,它们被布置成互成直角,并相隔一定距离。外壳用作保护,同时起着对外界电磁场的屏蔽作用。如需测量绝对压力,应将外壳与振筒之间的空腔抽成真空,作为参考标准振筒式频率传感器的工作原理是:由于激振线圈与拾振线圈通过振筒相互耦合,与放大电路一起组成一个正反馈的振荡电路。当振筒工作时,拾振线圈产生的感应电势经放大后反馈给激振线圈,使电路保持在振荡工作状态。其输出经过整形电路得到一系列频率等于振筒固有频率的脉冲信号。由于振筒有很高的品质因数,只有在其固有振动频率上谐振时,才有最大的振幅。此时,拾振线圈产生的感应电势才能满足振荡条件,使电路处于振荡状态。否则,若偏离了振筒的固有振动频率,其振幅迅速衰减,拾振线圈的感应电势也随之衰减,致使电路不能满足振荡条件而停振。因此,电路输出脉冲的频率即筒的固有振动频率。

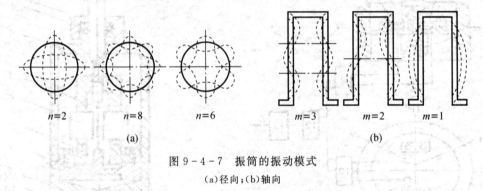

图 9-4-7　振筒的振动模式
(a)径向;(b)轴向

设取材料的密度、泊松比和弹性模量分别为 ρ,μ,E 的振筒,其壁厚为 h,半径为 r,有效长度为 l。在无周围介质影响的理想条件下,该振筒在零输入时的固有频率为

$$f_0 = \frac{1}{2\pi}\sqrt{E_g/\rho r^2(1-\mu^2)}\sqrt{\Omega_{\mathrm{mw}}}。$$

项目五　磁栅传感器和球同步器

学 习 任 务

(1)了解磁栅传感器概念、组成及特点。
(2)了解球同步器的优点、技术指标以及外形及结构。

相 关 理 论

磁栅式传感器利用磁栅与磁头的磁作用进行测量的位移传感器。它是一种新型的数字式传感器,成本较低且便于安装和使用。当需要时,可将原来的磁信号(磁栅)抹去,重新录制。

还可以安装在机床上后再录制磁信号,这对于消除安装误差和机床本身的几何误差,以及提高测量精度都是十分有利的。并且可以采用激光定位录磁,而不需要采用感光、腐蚀等工艺,因而精度较高,可达±0.01mm/m,分辨率为1~5μm。

一、磁栅传感器

磁栅式传感器由磁栅、磁头和检测电路组成。磁栅是在不导磁材料制成的栅基上镀一层均匀的磁膜,并录上间距相等、极性正负交错的磁信号栅条制成的。磁头有动态磁头(速度响应式磁头)和静态磁头(磁通响应式磁头)两种。动态磁头有一个输出绕组,只在磁头和磁栅产生相对运动时才能有信号输出。静态磁头有激磁和输出两个绕组,它与磁栅相对静止时也能有信号输出。静态磁头是用铁镍合金片叠成的有效截面不等的多间隙铁心。激磁绕组的作用相当于一个磁开关。当对它加以交流电时,铁心截面较小的那一段磁路每周两次被激励而产生磁饱和,使磁栅所产生的磁力线不能通过铁心。只有当激磁电流每周两次过零时,铁心不被饱和,磁栅的磁力线才能通过铁心。此时输出绕组才有感应电势输出。其频率为激磁电流频率的两倍,输出电压的幅度与进入铁心的磁通量成正比,即与磁头相对于磁栅的位置有关。磁头制成多间隙的是为了增大输出,而且其输出信号是多个间隙所取得信号的平均值,因此可以提高输出精度。静态磁头总是成对使用,其间距为$(m+1/4)\lambda$,其中m为正整数,λ为磁栅栅条的间距。两磁头的激励电流或相位相同,或相差$\pi/4$。输出信号通过鉴相电路或鉴幅电路处理后可获得正比于被测位移的数字输出。

磁栅传感器具有制作简单、易安装、调整方便、测量范围宽、抗干扰能力强等优点,被广泛应用于冶金、机械,石化、运输,水利等行业。

目前,根据磁栅传感器的测量原理,已制成各种各样的静位移磁栅传感器、静磁栅角度传感器等产品。

二、球同步器的优点

(1)采用全密封型结构:球同步器的高精度钢球和线圈均被完全密封,可以在水中或油中工作。因此球同步器特别适用于水下机械和一些必须浸在水中进行加工的材料的加工机械。

(2)尺体为金属结构、保护良好:不受冷却水、冷却液、金属粉末或尘土等影响而污损。

(3)壳体刚性强、密封好:当使用喷气枪清理机床时,直接喷射到球同步器上也不会被损坏。

(4)温度特性好:基准钢球的线胀系数与钢铁的相同,对车间温度的变化不敏感。

(5)抗干扰能力强:能在强磁场和强幅射条件下工作,可用于原子反应堆。

(6)安装方便:球同步器采用组装式结构,安装方便。

三、球同步器的技术指标

Newall公司作为商品出售的球同步器组装尺的型号是J型,与之相配的球同步器数显表是DIGLPAC5型,组成测量系统后所能达到的技术指标如下:

(1)标准长度:3500mm。

(2)最大长度:6858mm。

(3)最高测量速度:120m/min。

(4)分辨率:0.005mm、0.01mm。

(5)准确度 A:$\pm(0.005+0.01L)$(其中,L 为量程,单位为 m)。由此可得不同量程 L 时的准确度 A 为

$L=102$ mm 时,$A=\pm0.006$ mm。

$L=1\,000$ mm 时,$A=\pm0.015$ mm。

$L=1\,524$ mm 时,$A=\pm0.020$ mm。

$L=4\,064$ mm 时,$A=\pm0.046$ mm。

$L=4\,318$ mm 时,$A=\pm0.048$ mm。

$L=6\,858$ mm 时,$A=\pm0.074$ mm。

四、球同步器的外形和结构

1. 球同步器组装尺的外形和结构

球同步器组装尺的外形和结构防磁钢套用于防止外界磁场的干扰;球同步器尺的精度主要决定于钢球的精度,即钢球的直径和圆度,由于球径可以精选且能互相补偿,因此球同步器可以达到较高的准确度。

钢球的直径即为球同步器的测量周期,增加球的数量以增加测量周期便可以增大量程,只要装钢球的冷拉不锈钢管(采用不导磁的材料)足够长,量程便不受其他因素的限制,目前最大长度已达到 6858 mm,其长度规格有:

102～1524 mm,每 50 mm 一档;

1524～4064 mm,每 100 mm 一档;

4318～6858 mm,每 250 mm 一档。

2. 球同步器数显表

DIGIPAC5 型球同步器数显表有双坐标型和三坐标型两种,有以下主要功能和特点:

(1)六位八段绿色数字显示及±符号显示。

(2)电源切断后,不论机床运动部件是否移动过,工件零点可保存 30 天。

(3)全封闭式可抹易洁面板,防水防油。

(4)绝对值/增量值坐标显示。

(5)自动分中功能。(6)公/英制转换。(7)按键输入。

● 单 元 提 炼

随着微型计算机的迅速发展和广泛应用,信号的检测、控制和处理已进入的数字化时代。通常采用模拟式传感器获取模拟信号,利用转换器将信号转换成数字信号,再用微机和其他数字设备处理进行处理,这种方法简便亦行。

数字式传感器就是为了解决这些问题而出现的,它能把被测模拟量直接转换成数字信号输出。数字式传感器是测试技术、微电子技术与计算机技术相结合的产物,是传感器技术发展的重要方向之一。

数字式传感器的特点:测量精度高,分辨率高;易于处理与存储;抗干扰能力强,便于远距离传输。可以减少读数误差。

本章通过对常用的数字式传感器栅式数字传感器;编码器;频率/数字输出式数字传感器;感应同步器式的数字传感器的讲解对数字式传感器有了进一步的了解。

● **单元练习**

9.1　简述光栅测量原理。

9.2　简述莫尔条纹测位移的特点。

9.3　简述辨向原理和细分技术。

9.4　简述编码器的分类。

9.5　简述感应同步器的优点。

第十单元　固态图像传感器

项目一　固态传感器的概念及敏感器件

学 习 任 务

(1)了解固态传感器的概念。

(2)掌握固态传感器的敏感器件。

相 关 理 论

　　人类获取的信息的方式包括视,听,嗅,触摸等,其获取信息中超过 70% 的使图像信息。因此,获取图像在人类的日常生活中非常重要,是人类生存和发展的基本需要,也是获取信息最方便和快捷的手段。几乎每个人每天碰见形形色色的物像,这不仅有助于我们了解世界,更重要的是探索和发现未知事物。在这种情况下,图像的获取方式显得格外重要。为了尽可能获取不同光谱,不同环境下清晰、亮度、对比度好的图片就需要有高质量的传感器和图像采集系统。

一、固态传感器的概念

　　光导摄像管与固态图像传感器基本原理的比较,如图 10 - 1 - 1 所示。

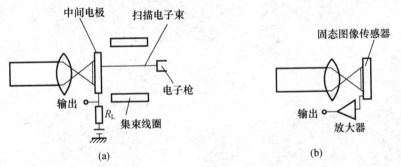

图 10 - 1 - 1　光导摄象管与固态图像传感器

(a)图表图像传感器;(b)光导摄像管

　　图像传感器又称为成像器件或摄像器件,是利用光电器件的光—电转换功能,将其感光面上的光像转换为与光像成相应比例关系的电信号"图像"的一种功能器件。可实现可见光、紫外光、X 射线、近红外光等得探测,是现代视觉信息获取的一种基础器件。光导摄像管就是种图像传感器。因其能实现信息的获取、转换和视觉功能的扩散(光谱拓宽、灵敏度范围扩大),能给出直观、真实、多层次、多内容的可视图像信息,图像传感器在现代科学技术中得到越来越广泛的应用。

固态图像传感器的输出信号的产生,不需外加扫描电子,它可以直接由自扫描半导体衬底上诸像而获得。这种的输出电信号与其相应的象素的位置对应,无疑是十分准确的,因此,再生图像失真度极小。显然,光导摄象管等图像传感器,由于扫描电子束偏转变或聚焦变化等原因所引起的再生图像的失真,往往是很难避免的。

固态图像传感器是指在同一半导体衬底上布设的若干光敏单元与移位寄存器而构成的器件,是一种集成化、功能化的光电器件。光敏单元简称为"像素"或"像点",不同的光敏单元在空间上、电气上是彼此独立的。每个光敏单元将自身感受到的光强信息转换为电信号,众多的光敏单元一起工作,即把入射到传感器整个光敏面上按空间分布的光学图像转换成按时序输出的电信号"图像",这些电信号经过适当的处理,能再现入射的光辐射图像

当入射光像信号照射到摄象管中间电极表面,其上将产生与各点照射光量成比例的电位分布,若用电子扫描中间电极,负载便会产生变化的放电电流。由于光量不同而使负载电流发生变化,这恰是所需要的输出电信号。所用电子束的偏转或集束,是由磁场或电场控制实现的。

二、固态图像传感器所用的敏感器件

1. 电荷耦合器件(CCD)

CC 的基本原理是在一系列 MOS 电容器金属电极上,加以适当的脉冲电压,排斥掉半导体衬底内多数载流子,形成"势阱"的运动,进而达到信号电荷(少数载流子)的转移。如果所转移的信号电荷是由光像照射产生的,则 CCD 具备图像传感器的功能;若所转移的电荷通过外界注入方式得到的,则 CCD 还可以具备延时、信号处理、数据存储以及逻辑运算等功能。

2. 电荷注入器件(CID)

CID 只有积蓄电荷的功能而无转移电荷的功能,为从图像传感器输出光像的电信号,必须另置"选址"电路。

3. 犀链式器件(BBD)

BBD 与 CCD 相同,BBD 同时具备电荷积蓄与转移功能。

4. 金属氧化物半导体器件(MOS)

MOS 与 CID 相同。

项目二 电荷耦合图像传感器

学习任务

(1)掌握 CCD 的基本工作原理。

(2)掌握电荷转移工作原理。

（3）掌握电荷的注入、电荷的检测原理。

相 关 理 论

电荷耦合器件简称 CCD，是一种大规模集成电路光电器件电荷耦合器件。它是在 MOS 集成电路技术基础上发展起来的，是半导体技术的一次很大的突破。CCD 的概念最早在 1970 年由美国贝尔实验室 W. S. Boyle 和 G. E. Smith 提出。CCD 自问世以来，很快有各种使用的 CCD 器件研制出来，由于其独特的性能而发展迅速，广泛应用于航天、遥感、工业、农业、天文及通讯等军用及民用领域信息存储及信息处理等方面，尤其适用以上领域中的图像识别技术。由于它具有光电转换、信息存储、传输、处理等功能，而且集成度高，功耗小，因此在固体图像传感、信息存储和处理等方面得到了广泛的应用。

一、CCD 的基本工作原理

电荷耦合器件的突出特点是以电荷为信号，而不同于其他大多数器件是以电流或电压为信号。CCD 的基本功能是电荷的存储和转移。因此，CCD 的工作过程的主要问题是信号电荷的产生、存储、传输和检测。CCD 的 MOS 结构及电荷存储原理。

1. 结构

构成 CCD 的基本单元是 MOS（金属－氧化物－半导体）电容器，与其它电容器一样，MOS 电容器能够存储电荷。CCD 可以说是 MOS 电容的一种应用，它是按照一定规律排列的 MOS 电容器阵列组成的移位寄存器，基本单元 MOS 电容结构如图所示。这样一个 MOS 结构称为一个光敏元或一个像素。将 MOS 阵列加上输入、输出结构就构成了 CCD 器件。

图 10－2－1 中，金属电极成为"栅极"（此栅极通常不是用金属而是用能够通过一定波长范围光的多晶硅薄膜）。半导体作为衬底电极，在两电极之间有一层 SiO_2 绝缘体，构成电容，但它具有一般电容所不具有的耦合电荷的能力。

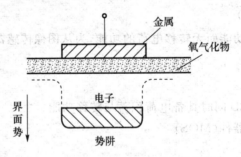

图 10－2－1 一个 MOS 光敏元结构

如果 MOS 电容器中的半导体是 P 型硅，当金属电极上施加一个正电压时，由于大量电子聚集在电极下的半导体处，并具有较低的势能，P 型硅中的多数载流子（空穴）受到排斥，半导体内的少数载流子（电子）吸引到 P－Si 界面处来，从而在界面附近形成一个带负电荷的耗尽区，可形象的说成导体表面形成对电子的势阱，能容纳聚集电荷。如图 10－2－2 所示对带负电的电子来说，耗尽区是个势能很低的区域。如果有光照射在硅片上，在光子作用下，半导体硅产生了电子－空穴对，由此产生的光生电子就被附近的势阱所吸收，势阱内所吸收的光生电子数量与入射到该势阱附近的光强成正比，存储了电荷的势阱被称为电荷包，而同时产生的空穴被排斥出耗尽区。

并且在一定的条件下,所加正电压越大,耗尽层就越深,Si 表面吸收少数载流子表面势(半导体表面对于衬底的电势差)也越大,这时势阱所能容纳的少数载流子电荷的量就越大。

2.电荷存储原理

当一束光照射到 MOS 管电容上时,光子穿过透明电极及氧化层,进入衬底,衬底中处于价带的电子将吸收光子的能量产生电子跃迁,形成电子—空穴对,电子—空穴对在外加电场的作用下,分别向电极两端移动,这就是光生电荷。这些光生电荷将储存在电极形成的势阱中,并加深势阱,此势阱又被称为电荷包。势阱中能容纳多少电子,取决于势阱的"深浅",即表面势的大小。势阱能够存储的最大电荷量又称为势阱容量,它与所加栅压近似成正比。

显然,势阱容纳的电荷多少和该处照射光的强弱成正比,于是,图像景物的不同明暗程度,便转变成 CCD 中积累电荷的多少,也就是说,一幅光图像便转变成一幅电图像。如果没有光照射时,势阱则聚集热效应电子。这种由于热运动而产生的载流子便是暗电流。不过热电子聚集是非常缓慢的。

二、电荷转移工作原理

由上面讨论可知,外加在 MOS 管电容器上的电压越高,产生势阱越深;外加电压一定,势阱深度随势阱中电荷量的增加而线性下降。利用这种特性,通过控制相邻的 MOS 管电容栅极电压高低来调节势阱深浅,让 MOS 管电容间的排列足够紧密,使相邻 MOS 管电容的势阱相互沟通,即相互耦合,就可使信号电荷由势阱浅出流向势阱深处,实现信号电荷的转移。

为保证信号电荷按确定方向和路线转移,在各电极上所加的电压严格满足相位要求,下面以三相(也有二相和四相)时钟脉冲控制方式为例说明电荷定向转移的过程。读出移位寄存器如图 10-2-2 所示。

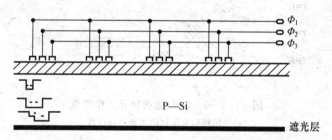

图 10-2-2　读出移位寄存器结构

光敏元上的电荷需要经过电路进行输出,CCD 电荷耦合器件是以电荷为信号而不是电压电流。读出移位寄存器也是 MOS 结构,由金属电极、氧化物、半导体三部分组成。它与 MOS 光敏元的区别在于,半导体底部覆盖了一层遮光层,防止外来光线干扰。它由 3 个十分邻近的电极组成一个耦合单元;在 3 个电极上分别施加脉冲波三相时钟脉冲 Φ_1,Φ_2,Φ_3,控制电压 Φ_1,Φ_1,Φ_2 的波形如图 10-2-3 所示。

当 $t = t_1$ 时刻,Φ_1 电极下出现势阱存入光电荷。

当 $t = t_2$ 时刻,两个势阱形成大的势阱存入光电荷。

当 $t = t_3$ 时刻,Φ_1 中电荷全部转移至 Φ_2。

当 $t = t_4$ 时刻,Φ_2 中电荷向 Φ_3 势阱转移。

当 $t=t_5$ 时刻，Φ_3 中电荷向下一个 Φ_1 势阱转移。

这一传输过程依次下去，信号电荷按设计好的方向，在时钟脉冲控制下从寄存器的一端转移到另一端。这样一个传输过程，实际上是一个电荷耦合过程，所以称电荷耦合器件，担任电荷传输的单元称移位寄存器。

CCD 电荷转移的沟道有 N 沟道和 P 沟道，N 沟道的信号电荷为电子，P 沟道的信号电荷为空穴。前者的时钟脉冲为正极性，后者为负极性，由于空穴的迁移率低，所以 P 沟道 CCD 不太被采用。

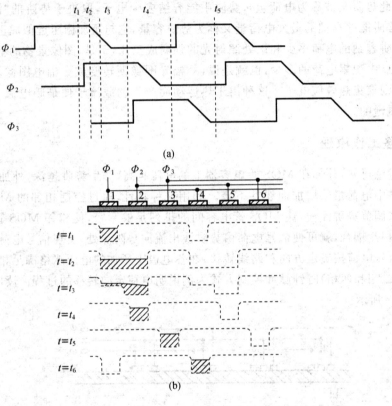

图 10-2-3 CCD 电荷转移工作原理

(a)三相转移电压；(b)电荷转移过程

三、电荷的注入

CCD 中的信号电荷可以通过光注入和电注入两种方式得到。

1. 光注入

CCD 用作光学图像传感器时，信号电荷由光生载流子得到，即光注入。光注入方式有三种，实用中常采用正面照射方式和背面照射方式。如图 10-2-4(a)为背面光注入示意图。

如果用透明电极，也可用正面光注入方法。当光照射半导体时，如果光子的能量大于半导体禁带宽度时，光子被吸收产生电子一空穴对，当 CCD 的电极加有栅压时，光照产生的电子被收集在电极下的势阱中，而空穴则迁往衬底。存储电荷的多少正比于照射的光强，从而可以反映图像的明暗程度，实现光信号与电信号之间的转换。

2. 电注入

转换为信号电荷。图 10-2-4(b) 是用输入二极管进行电注入,该二极管是在输入栅衬底上扩散形成的。

用输入二极管进行电注入。当输入栅 I_G 加上宽度为 Δt 的正脉冲时,输入二极管 PN 结的少数载流子通过输入栅下的沟道注入 Φ_1 电极下的势阱中,注入的电荷量为 $Q = I_D \Delta t$。

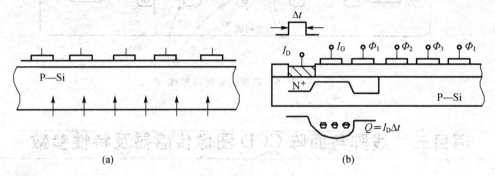

图 10-2-4　电荷注入方法

(a) 光注入;(b) 电洲入

四、电荷的检测

CCD 的输出结构的作用是将信号电荷转换为电流或电压的输出。图 10-2-5 为单沟道 CCD 驱动。目前,CCD 的输出方式主要有电流输出、电压输出两种。以电压输出型为例:有浮置扩散放大器(FDA)、浮置栅放大器(FGA),浮置栅放大器(FGA)应用最广。

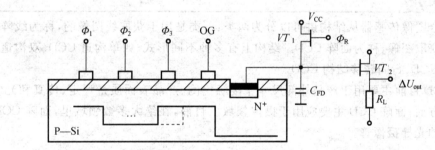

图 10-2-5　单沟道 CCD 驱动

由浮置扩散区收集的信号电荷来控制放大管 VT_2 的栅极电位:

$$\Delta U_{out} = Q/C_{FD}$$

式中,C_{FD} 为浮置扩散节点上的总电容。

输出信号电压为:

$$\Delta U'_{out} = \Delta U_{out} \frac{g_m R_L}{1 + g_m R_L}$$

式中,g_m 为 MOS 管 VT1 栅极与源极之间的跨导。

复位管 VT_1 导通,VT_2 的沟道抽走浮置扩散区的剩余电荷,直到下一个时钟周期信号到来如此循环下去。如图 10-2-6 所示。

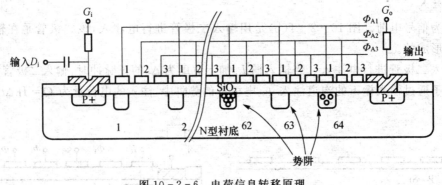

图 10-2-6 电荷信息转移原理

项目三　线阵与面阵 CCD 图像传感器及特性参数

学习任务

(1)掌握线阵 CCD 图像传感器的原理。

(2)掌握面阵 CCD 图像传感器的原理。

(3)掌握转移效率、暗电流、CCD 的噪声源、分辨能力、动态范围及线性度等的特性。

相关理论

电荷耦合图像传感器从结构讲可以分为两类:一类是用于获取线图像的,称为线阵 CCD;另一类用于获取图像,称为面阵 CCD。结构上有多种不同形式,如单沟道 CCD、双沟道 CCD、帧转移结构 CCD、行间转移结构 CCD。

线阵 CCD 目前主要用于产品外部尺寸非接触检测、产品表面质量评定、传真和光学文字识别技术等方面;面阵 CCD 主要应用于摄像领域。目前,在绝大多数领域里,面阵 CCD 已经取代了普通的光导摄像管。

一、线阵 CCD 图像传感器

对于线阵 CCD,它可以直接接收一维光信息,而不能直接将二维图像转换为一维的电信号输出,为了得到整个二维图像的输出,就必须用扫描的方法来实现。

线型 CCD 图像传感器是由一列 MOS 光敏元和一列移位寄存器并行构成。光敏元和移位寄存器之间有一个转移控制栅,1024 位线阵,由 1024 个光敏元 1024 个读出移位寄存器组成。读出移位寄存器的输出端一位位输出信息,这一过程是一个串行输出过程。如图 10-3-1所示

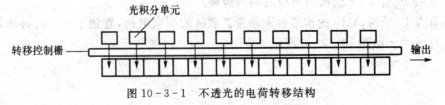

图 10-3-1　不透光的电荷转移结构

在每一个光敏元件上都有一个梳状公共电极,由一个 P 型沟阻使其在电气上隔开。当入射光照射在光敏元件阵列上,梳状电极施加高电压时,光敏元件聚集光电荷,进行光积分,光电荷与光照强度和光积分时间成正比。在光积分时间结束时,转移栅上的电压提高(平时低电压),与 CCD 对应的电极也同时处于高电压状态。然后,降低梳状电极电压,各光敏元件中所积累的光电电荷并行地转移到移位寄存器中。当转移完毕,转移栅电压降低,梳妆电极电压回复原来的高电压状态,准备下一次光积分周期。同时,在电荷耦合移位寄存器上加上时钟脉冲,将存储的电荷从 CCD 中转移,由输出端输出。这个过程重复地进行就得到相继的行输出,从而读出电荷图形。

目前,实用的线型 CCD 图像传感器为双行结构,如图 10 - 3 - 2 所示。单、双数光敏元件中的信号电荷分别转移到上、下方的移位寄存器中,然后,在控制脉冲的作用下,自左向右移动,在输出端交替合并输出,这样就形成了原来光敏信号电荷的顺序。图 10 - 3 - 3 为电荷输出控制波形图。

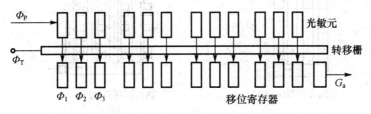

图 10 - 3 - 2　单沟道 CCD 结构

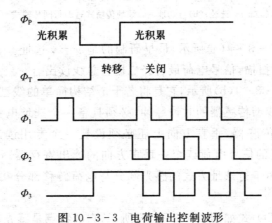

图 10 - 3 - 3　电荷输出控制波形

二、面阵 CCD 图像传感器

面阵 CCD 图像传感器的感光单元呈二维矩阵排列,能检测二维平面图像。由于传输与读出方式不同,面阵图像传感器有许多类型。

(1)面型图像传感器的构成方式。常见的传输方式有 $x - y$ 选址式、行选址方式、场传输(FT - CCD)式、间传输(IT - CCD)方式,如图 10 - 3 - 4 所示。

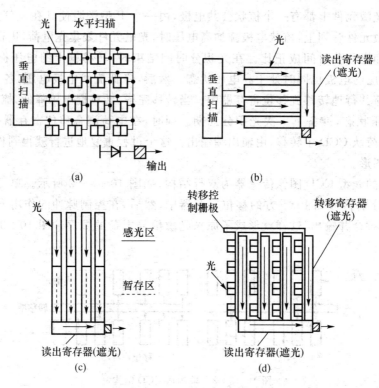

图 10-3-4　常见的传输方式

(a)$x-y$ 选址；(b)行选址；(c)帧场传输式；(d)行间传输式

$x-y$ 选址式如图 10-3-4(a)所示，最早研制的是 $x-y$ 选址。它也是用移位寄存器对 PD 阵列进行 X-Y 二维扫描，信号电荷最后经二极管总线读出。

行选址方式如图 10-3-4(b)所示，它是将若干个结构简单的线型传感器，平行地排列起来构成的。为切换各个线型传感器的时钟脉冲，必须具备一个选址电路，最初是用 BBD 作选址电路。行选址方式的传感器，垂直方向上还必须设置一个专用读出寄存器，当某一行被 BBD 选址时，就将这一行的信号电荷读至一垂直方向的读出寄存器。这样，诸行间就会有不相同的延时时间，另外，由于行选址方式的感光部分与电荷转移部分共用，于是很难避免光学拖影劣化图像画面现象。

帧场传输(FT - CCD)式如图 10-3-4(c)所示，它的特点是感光区与电荷暂存区相互分离，但两区构造基本相同，并且都是用 CCD 构成的。感光区的光生信号电荷积蓄到某一定数量之后，用极短的时间迅速送到光被屏蔽的暂存区。这时，感光区又开始本场信号电荷的生成与积蓄过程。此间，上述处于暂存区的上一场信号电荷，将一行一行地移往读出寄存器依次读出，当暂存区内的信号电荷全部读出终了之后，时钟控制脉冲又将使之开始下一场信号电荷的由感光区向暂存区迅速的转移。

行间传输(IT - CCD)方式如图 10-3-4(d)所示，它的基本特点是感光区与垂直转移寄存器相互邻接。这样，可以使帧或场的转移过程合而为一。在垂直转移寄存器中，上一场在每个水平回扫周期内，将沿垂直转移信道前进一级，此间，感光区正在进行光生信号电荷的生成与积蓄过程。

（2）帧场传输 CCD 面型传感器（见图 10-3-5）。每个像素中产生和积蓄起来的信号电荷，依图示箭头方向，一行行地转移至读出寄存器，然后，在信号输出端依次读出。

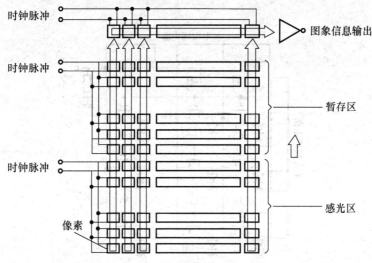

图 10-3-5 帧场传输 CCD 面型传感器

（3）行间传输 CCD(IT － CCD)面型传感器如图 10-3-6 所示。

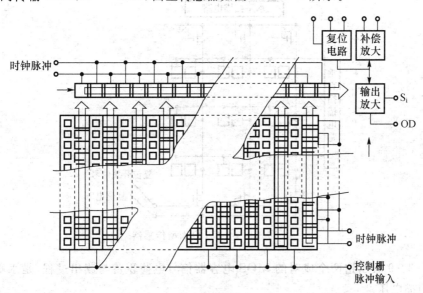

图 10-3-6 行间传输 CCD(IT － CCD)面型传感器

（4）MOS 面型传感器（见图 10-3-7）。因 MOS 器件没有电荷转移功能，所以必须有 $x-y$ 选址电路，传感器是许多个像素的二维矩阵。每个像素包括两个元件：一个是 PD，一个是 MOS－FET。

PD 是产生并积蓄光生电荷的元件，而 MOS－FET 是读出开关。当水平与垂直扫描电路发出的扫描脉冲电压，分别使 MOS－FET(SWH)以及每个像素里的 MOS－FET(SWV)均处于导通时，矩阵中诸 PD 所积蓄的信号电荷才能依次读出。

(5)CID面型传感器（见图$10-3-8$）。由于CID不具有电荷转移的功能，所以CID面型传感器也必须有$x-y$选址电路，以读出光生信号电荷。CID面型传感器每个像素有两个MOS电容器。

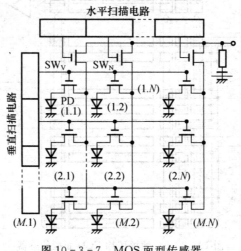

图$10-3-7$ MOS面型传感器

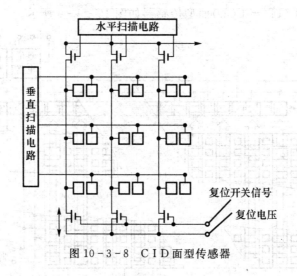

图$10-3-8$ CID面型传感器

图$10-3-9$表示这两个成对的MOS电容器信号电荷积蓄与读出过程，是水平和垂直扫描电路的扫描电压。

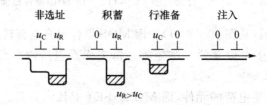

图$10-3-9$ MOS电容器信号电荷积蓄与读出过程

u_c—水平扫描电路的扫描电压；u_R—垂直扫描电路的扫描电压

三、CCD 图像传感器的特性参数

为了全面评价 CCD 图像器件的性能及应用的需要,制定了下列特性参数:转移效率、不均匀度、暗电流、响应率、光谱响应、噪声、动态范围及线性度、调制传递函数、功耗及分辨能力等。不同的应用场合,对特性参数的要求也各不相同。现把主要特性参数分述如下。

(1) 转移效率。CCD 中电荷包从一个势阱转移到另一个势阱时会产生损耗。假设原始电荷量为 Q_0,在一次转移中,有 Q_1 的电荷正确转移到下一个势阱,则转移效率定义为

$$\eta = \frac{Q_1}{Q_0}$$

转移损耗(或称失效率)ε 为

$$\varepsilon = 1 - \eta$$

当信号电荷转移 N 个电极后的电荷量为 Q_N 时,则总效率为

$$\frac{Q_N}{Q_0} = \eta^N = (1 - \varepsilon)^N$$

转移效率 η 对 CCD 的各种应用都十分重要。

假设转移效率为 99%,经过 100 个电极传递后,剩下 37% 的电荷(即:$\mu = 99\%$,$\mu^{100} = 37\%$)。

实际的 CCD 应用:$\mu = 99.999\%$,$\mu^{1000} = 99.0\%$。

转移效率与表面态有关:

表面沟道 CCD:信号电荷沿表面传输,受界面态的俘获,转移效率最高只能达 99.99%。

体内沟道 CCD:信号电荷沿体内传输,避开了界面态影响,最高转移效率可达 99.999%,甚至 99.9999%。

"胖零":为了减小俘获损耗,CCD 可以采用所谓"胖零"的工作方式,即在信号外注入一定的背景电荷,让它填充陷阱能级,以减小信号电荷的转移损失。一般"胖零"背景电荷为满阱电荷的 10%～15% 时可获得较好的效果。

注意:转移损失并不是部分信号电荷的消失,而是损失的那部分信号电荷在时间上的滞后。因此,转移损失所带来的后果,不仅仅是信号的衰减,更有害的是滞后的那部分电荷,叠加到后面的信号电荷包中,引起信号的失真。

(2) 暗电流。CCD 图像器件在既无光注入又无电注入情况下的输出信号称为暗信号,它是由暗电流引起的。

产生暗电流的原因在于半导体的热激发,主要包括 3 部分:①耗尽区内产生复合中心的热激发;②耗尽区边缘的少数载流子(电子)热扩散;③界面上产生中心的热激发。其中第①项的影响是主要的,所以暗电流受温度的强烈影响且与积分时间成正比。

暗电流的存在,每时每刻地加入到信号电荷包中,与图像信号电荷一起积分,形成一个暗信号图像,称为固定图像噪声,叠加到光信号图像上后会降低图像的分辨率。

另外,暗电流的存在会占据 CCD 势阱的容量,降低器件的动态范围。为了减少暗电流的影响,应当尽量缩短信号电荷的积分时间和转移时间。

CCD 传感器的动态范围 DR 是指饱和输出信号与暗信号的比值。

(3)CCD 的噪声源。CCD 的噪声源可归纳为三类:散粒噪声、转移噪声及热噪声。

1)散粒噪声。光注入光敏区产生信号电荷的过程可以看作是独立、均与连续发生的随机过程。单位时间内光产生的信号电荷数并非绝对不变,而是在一个平均值上作微小波动,这一微小的起伏便形成散粒噪声,又称白噪声。散粒噪声的一个重要性质是与频率无关,在很宽的范围内都有均匀的功率分布。散粒噪声功率等于信号幅度,故散粒噪声不会限制器件的动态范围,但是它决定了 CCD 器件的噪声极限值,也别是当器件在低照度、低反差下应用时,如果采用了一切可能的措施降低各种噪声,光子噪声便成为主要的噪声源。

2)转移噪声。转移损失及界面态俘获是引起转移噪声的根本原因。转移噪声具有积累性和相关性两个特点。所谓积累性是指转移噪声在转移过程中逐次积累起来的,转移噪声的均方值与转移次数成正比。所谓相关性是指相邻电荷包的转移噪声是相关的。

3)热噪声

它是信号电荷注入及电荷检出时产生的。信号电荷注入回路及信号电荷检出时的复位回路均可等效为 RC 回路,从而造成热噪声。

影响噪声的其他因素:

① 在实际使用中,由于器件结构设计不合理,或驱动电路性能差,从而使驱动脉冲噪声大大增加。

② 电荷注入及信号电荷检出所引起的热噪声,也会因电路性能差,而远远大于理论值。

③ 因光敏区暗电流不均匀引起的"固定图像噪声",尤其在环境温度较高时更为严重。因为在室温附近,温度每增加 5℃,暗电流增加一倍。

(4)分辨能力

分辨能力是指图像传感器分辨图像细节的能力,它是图像传感器的重要参数。

空间频率:任何图像的光强在空间的明暗变化都可以通过傅里叶变换分解成周期性的明暗变化成分,其明暗变化的频率(即每毫米中的"线对")称为空间频率。

最高空间频率:CCD 的分辨能力取决于其感光单元之间的间距。如果把 CCD 在某一方向上每 mm 中的感光单元数称为空间采样频率 f_0,则根据奈奎斯特采样定理,一个图像传感器能够分辨的最高空间频率 f_m 等于它的空间采样频率 f_0 的一半,即 $f_m = \frac{1}{2} f_0$。

(5)动态范围及线性度。CCD 图像器件动态范围的上限:光敏单元满阱信号容量。

CCD 图像器件动态范围的下限:图像器件能分辨的最小信号,即等效噪声信号。

动态范围为

$$动态范围 = \frac{光敏单元满阱信号}{等效澡声信号}$$

等效噪声信号:指 CCD 正常工作条件下,无光信号时的总噪声。等效噪声信号可用峰—峰值,也可用均方根值。通常噪声的峰—峰值为均方根值的 6 倍,故用两种数值算得的动态范围也相差 6 倍。

通常 CCD 图像器件光敏单元的满阱容量约 $10^6 \sim 10^7$ 电子,均方根总噪声约 $10^3 \sim 10^4$ 数量级,即 $60 \sim 80$ dB。

线性度是指照射光强与产生的信号电荷之间的线性程度。CCD 在用作光探测器时,线性度是一个很重要的性能指标。

影响因素：

①在动态范围的中间区域，线性度基本为零。

②通常，在弱信号及接近满阱信号时，线性度比较差。

③在弱信号时，器件噪声影响大，信噪比低，引起一定离散性；

④在接近满阱时，由于光敏单元下耗尽区变窄，使量子效率下降，所以使线性度变差。

（6）均匀性。均匀性是指 CCD 各感光单元对光强度响应的一致性。在 CCD 图像器件用于测量领域时，均匀性是决定测量精度的一个重要参数。CCD 器件的均匀性主要取决于硅材料的质量、加工工艺、感光单元有效面积的一致性等因素。

项目四　其他类型的图像传感器

学 习 任 务

（1）了解电荷注入器件、屏链式器件、MOS 型固体图像传感器件的原理。

（2）掌握固态图像传感器的应用。

相 关 理 论

通过对电荷注入器件、屏链式器件、MOS 型固体图像传感器件的原理的了解进一步增强了图像传感器的认识，从而对传感器在图像方面的应用更加了解，并可以应用到实践中去。重点掌握固态图像传感器的应用，在应用中才可以体会传感器的作用与价值。

一、电荷注入器件（CID）

CID 是 CCD 的一种特殊形式。它只有积蓄电荷的功能而无转移电荷的功能。CID 结构如图 10-4-1 所示。

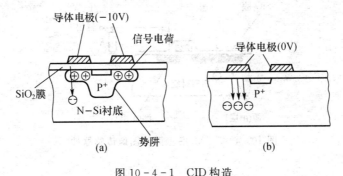

图 10-4-1　CID 构造

(a)信号电荷积蓄；(b)信号电荷检测

它的每个像素由两个 MOS 电容器组成。信号电荷的积蓄过程与 CCD 相同，当然，这里的势阱也是由两个 MOS 电容器共同形成的。所以，加栅极电压控制，使得两个 MOS 电容的势阱同时消失，信号电荷就会被一起排入衬底中去，排出去的电荷所形成的电流即可作为输出信号。

另一种检测方法是用检测衬底表面电位来得到输出信号。

二、斥链式器件(BBD)

在 P－Si 衬底的表面处,有一断续并与衬底的导电型号相反的 n＋层,而且它正好跨在两电极间隙处。这种结构可以看作是由 MOS 电容器和一个 MOS－FET 栅极开启时就可以转移到与之相邻的 MOS 电容器。从本质上看,这种转移与 CCD 的毫无区别,而且 BBD 的转移过程还消除了 CCD 电极间隙对于转移的影响。因此它的构造简单些,信号电荷输出检测方法与 CCD 相同。图 10－4－2 所示为 BBD 截面构造。

图 10－4－2　BBD 截面构造

三、MOS 型固体图像传感器件

MOS 型固体图像传感器件是早期开发的一类器件,近年来由于制造工艺技术的进步和固定图像噪声消除技术的改进,使它焕发了青春,已经成为 CCD 的又一有力的竞争者。

MOS 型固体图像传感器件,由水平移位寄存器,垂直移位寄存器和 MOS 及光敏三极管像素阵列组成。各 MOS 晶体管在水平和垂直扫描电路中起着开关的作用。水平和垂直移位寄存器的作用是对像素矩阵进行 $x-y$ 选址。光入射到光敏三极管上,产生电子－空穴对。当移位寄存器按行和列扫描时,相当于逐一对每个选通的像素的光敏三极管加上偏压,于是和入射光强成比例的电流便经信号线输出。图 10－4－3 为 MOS 型固体图像传感器件图。

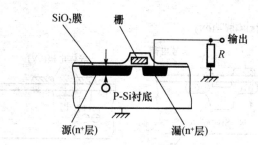

图 10－4－3　MOS 型固体图像传感器件

四、固态图像传感器的应用

CCD 图像传感器在许多领域内获得了广泛的应用。前面介绍的电荷耦合器件(CCD)具有将光像转换为电荷分布,以及电荷的存储和转移等功能,所以它是构成 CCD 固态图像传感器的主要光敏器件,取代了摄像装置中的光学扫描系统或电子束扫描系统。

它还广泛应用于自动控制和自动测量,尤其适用于图像识别技术。CCD 图像传感器在检测物体的位置、工件尺寸的精确测量及工件缺陷的检测方面有独到之处。

固态图像传感器的应用主要在以下几方面。

(1)计量检测仪器:用于工业生产产品的尺寸、位置、表面缺陷的非接触在线监测与距离测定等。

(2)光学信息处理:用于光学文字识别,标记识别,图形识别,传真和摄像等。

(3)生产过程自动化:用于自动工作机械、自动售货机、自动搬运机、监视装置等。

(4)军事应用:用于导航、跟踪、侦察(带摄像机的无人驾驶飞机、卫生侦察)。

以下介绍几个实例。

1.尺寸检测

在自动化生产线上,经常需要进行物体尺寸的在线检测。例如零件的尺寸检验、轧钢厂钢板宽度的在线检测和控制等。利用CCD阵列器件,即可实现物体尺寸的高精度非接触检测。图10-4-4为尺寸测量结构图。

对于尺寸较小的物体目标(2~30mm),可以采用平行光成像法。这种测试方法的精度取决于平行光的垂直程度和CCD像元尺寸的大小。当然,平行光源要做得十分理想是有一定困难的,且随准直度的提高成本增加,光源的体积也要加大。在实际应用中常常通过计算机处理,对测量值进行修正,以使测量结果更接近于实际,这在一定程度上降低了对光源的苛求。

对于尺寸较大的,可采用光学成像法。在前面或背面光照射下,被测物经透镜在CCD上成像,像尺寸与被测尺寸成正比。

成像法适用于冶金线材直径或机械产品在线尺寸检测。为了保证测量精度,通常采用背面光照射方式。对于自发光被测物,如热轧钢管,常用窄带滤光片滤除钢管的可见光和红外光辐射,再选用较短波长的光源作照明,以适应CCD光谱响应特性的要求。这种照明消除了因被测目标辐射变化对测量精度的影响。由于CCD输出信号是以脉冲计数表示的,其测量精度与边缘信号检测精度有关,而对光源的稳定性要求不高。当光源的光强在20%范围内变化时,对其测量结果没有明显影响。

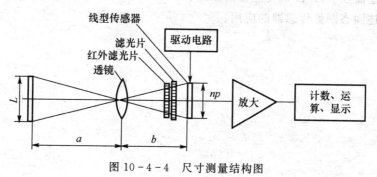

图10-4-4　尺寸测量结构图

2.文字和图像检测

利用线阵CCD的自扫描特性,可以实现文字和图像识别,从而组成一个功能很强的扫描/识别系统。图10-4-5为光学文字识别装置(OCR)原理图。

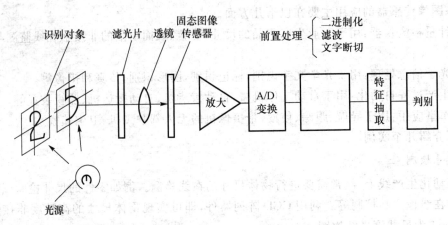

图 10 - 4 - 5　光学文字识别装置(OCR)原理

● 单 元 提 炼

　　本章主要通过对固态传感器的概念、敏感器件、电荷耦合图像传感器、线阵与面阵 CCD 图像传感器及特性参数、电荷注入器件、犀链式器件、MOS 型固体图像传感器件的原理进行讲解,掌握固态图像传感器的应用。通过学习对固态传感器有了进一步的了解。

● 单 元 练 习

10.1　简述固态传感器的敏感器件。

10.2　简述 CCD 的工作原理。

10.3　简述线性 CCD 图像传感器的原理。

10.4　简述面性 CCD 图像传感器的原理。

10.5　简述固态图像传感器的应用。

第十一单元　其他类型传感器

项目一　超声波传感器

(1)了解超声波的概念。

(2)掌握超声波的特点。

(3)掌握超声波传感器的工作原理。

(4)了解超声波传感器的应用。

超声波是一种机械波,其频率超过20kHz。超声波的频率愈高,声扬的指向性愈好,能量越集中,越与光波的某些特性(如反射、折射定律)相接近。

一、超声波的概念

振动在弹性介质内的传播称为波动。声波是一种能在气体、液体、固体中传播的机械波。根据声波频率的范围,声波可分为次声波、声波和超声波。声波频率在 $16 \sim 2 \times 10^4$ Hz 之间能为人耳所闻的机械波,次声波:频率低于 16 Hz 的机械波,超声波:频率高于 2×10^4 Hz 的机械波。图 11-1-1 所示为声波的频率界限图。

次声波是频率低于16Hz的声波,人耳听不到,但可与人体器官发生共振,$7 \sim 8$Hz的次声波会引起人的恐怖感,动作不协调,甚至导致心脏停止跳动。

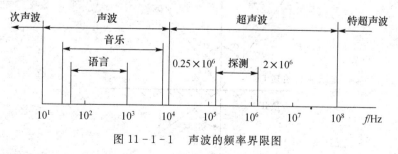

图 11-1-1　声波的频率界限图

1. 超声波的概念

超声波波长、频率与速度的关系为：$\lambda = \dfrac{c}{f}$。

超声波的特性是频率高、波长短、绕射现象小。它最显著的特性是方向性好,且在液体、固体中衰减很小,穿透本领大,碰到介质分界面会产生明显的反射和折射,因而广泛应用于工业检测中。

2. 超声波的波形

由于声源在介质中施力方向与波在介质中传播方向不同,声波的波型也有所不同。通常有：

(1) 纵波：质点振动方向与波的传播方向一致的波。它能在固体、液体和气体中传播。

(2) 横波：质点振动方向垂直于传播方向的波。它只能在固体中传播。

(3) 表面波：质点的振动介于纵波与横波之间,沿着表面传播,振幅随深度增加而迅速衰减的波。表面波随深度增加衰减很快,只能沿着固体的表面传播。为了测量各种状态下的物理量,多采用纵波。

横波只能在固体中传播,纵波能在固体、液体和气体中传播,表面波随深度增加衰减很快。

3. 超声波的传播速度

纵波、横波及表面波的传播速度,取决于介质的弹性常数及介质密度。气体和液体中只能传播纵波,气体中声速为 344 m/s,液体中声速为 900 ~ 1 900m/s。在固体中,纵波、横波和表面波三者的声速成一定关系。通常可认为横波声速为纵波声速的一半,表面波声速约为横波声速的 90%。

二、超声波的特点

1. 超声波的反射和折射

声波从一种介质传播到另一种介质,在两个介质的分界面上一部分声波被反射,另一部分透射过界面,在另一种介质内部继续传播。这样的两种情况称之为声波的反射和折射,如图 11-1-2 所示。

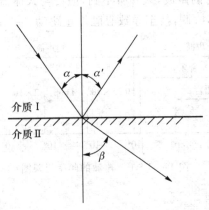

图 11-1-2　超声波的反射和折射

由物理学知,当波在界面上产生反射时,入射角 α 的正弦与反射角 α' 的正弦之比等于波速之比。当波在界面处产生折射时,入射角 α 的正弦与折射角的正弦之比,等于入射波在第一介质中的波速 C_1 与折射波在第二介质中的波速 C_2 之比,即

$$\frac{\sin\alpha}{\sin\beta} = \frac{c_1}{c_2}$$

1. 超声波的衰减

超声波在介质中传播时,随着传播距离的增加,能量逐渐衰减。其声压和声强的衰减规律满足以下函数关系:

$$p = p_0 e^{-\alpha x}$$

式中,P_0,I_0 为距声源 $x=0$ 处的超声波声压和声强

超声波在介质中传播,能量的衰减决定于超声波的扩散、散射和吸收。

(1)声波扩散引起的衰减。在理想介质中,超声波的衰减仅来自于超声波的扩散。由于声波扩散能量逐渐分散,使单位面积内超声波的能量随传播距离的增加而减弱,并且声压强也随之减弱。

(2)散射引起的衰减。声波在传播过程中遇到不同声阻抗介质组成的界面时,将产生散射,实际材料的金属结晶组织的不均性或界面的晶粒粗大引起的散射,使部分超声波能量以热能的形式损耗。

(3)介质吸收引起的衰减。由于介质的粘滞性而造成质点间的内摩擦,从而将消耗部分声能,并且介质的热传导及介质的稠密和稀疏部分之间的热交换都能导致声能的损耗。

超声波具有频率高,方向性好,能量集中,穿透本领大,遇到杂质或分界面产生显著的反射等特点,因此,在许多领域得到广泛的应用。

根据超声波的走向来看,超声波传感器的应用有两种基本类型。当超声波发射器与接收器分别置于被测物两侧时,这种类型称为透射型。透射型可用于遥控器、防盗报警器、接近开关等。当超声波发射器与接近器置于同侧的属于反射型,反射型可用于接近开关、测距、测液位或料位、金属探伤以及测厚等。

超声波在媒质中的反射、折射、衍射、散射等传播规律,与可听声波的规律并没有本质上的区别。但是超声波的波长很短,只有数 cm,甚至千分之几 mm。与可听声波比较,超声波具有许多奇异特性:传播特性 —— 超声波的波长很短,通常的障碍物的尺寸要比超声波的波长大好多倍,因此超声波的衍射本领很差,它在均匀介质中能够定向直线传播,超声波的波长越短,这一特性就越显著。功率特性 —— 当声音在空气中传播时,推动空气中的微粒往复振动而对微粒做功,声波功率就是表示声波作功快慢的物理量。在相同强度下,声波的频率越高,它所具有的功率就越大。由于超声波频率很高,所以超声波与一般声波相比,它的功率是非常大的。

第一次世界大战时,德国潜水艇击沉了协约国大量战舰、船只,几乎中断了横跨大西洋的海上运输线。当时潜水艇潜在水下,看不见,摸不着,一时横行无敌。于是利用水声设备搜寻潜艇和水雷就成了关键的问题。法国著名物理学家郎之万等人研究并造出了第一部主动式声呐,1918 年在地中海首次接收到 $2 \sim 3km$ 以外的潜艇回波。这种声呐可以向水中发射各种形式的声信号,碰到需要定位的目标时产生反射回波,接收回来后进行信号分析、处理,除掉干扰,从而显示出目标所在的方位和距离。

第二次世界大战期间,由于战争需要,声呐装置更趋完善。战后,人们开始实验使用军舰上的声呐探测鱼群。不但测到了鱼群,而且还能分辨出鱼的种类和大小。人们在此基础上研制出各种鱼探机,极大地促进了渔业的发展。

声学中用声强的对数量(叫做声强级)来表示声音的大小。对数的底取 10,单位为贝耳,简称贝,但是实际使用中常以 1/10 贝为单位,兆。

声强级 $L_1 = 10\lg(I/I_0)$。

其中 L_1 是声音的声强级,lg 是以 10 为底的对数,I 是声音的声强,I_0 是声强的基准值,等于 1pW/m^2。如果某个声音的声强等于基准声强,$I/I0 = 1$,$L_1 = 0\text{dB}$;如果 I 为 I_0 的 10 倍,$L_1 = 10\text{dB}$;如果 I 增大为 I_0 的 100 倍,$L_1 = 20\text{dB}$;如果 I 是 I_0 的 1014 倍,$L_1 = 140\text{dB}$。可见,引入声强级的概念后,就把声强相差 1014 倍的变化范围,改变为 $0 \sim 14\text{dB}$ 的变化范围,方便了许多。

从声强级的公式可以看出,声强级每变化 10dB,就相当于声强变化 10 倍;而变化 20dB,就相当于声强变化 100 倍;每变化 30dB,就相当于声强变化 1000 倍。因此声强级增大或减小 20dB 或 30dB,声强的变化是很大的。

三、超声波传感器的工作原理

利用超声波在超声场中的物理特性和各种效应而研制的装置可称为超声波换能器、探测器或传感器。超声波探头按其工作原理可分为压电式、磁致伸缩式、电磁式等,而以压电式最为常用。

压电式超声波探头常用的材料是压电晶体和压电陶瓷,这种传感器统称为压电式超声波探头。它是利用压电材料的压电效应来工作的;逆压电效应将高频电振动转换成高频机械振动,从而产生超声波,可作为发射探头;而利用正压电效应,将超声振动波转换成电信号,可用为接收探头。

压电式超声波发生器是利用逆压电效应的原理将高频电振动转换成高频机械振动,从而产生超声波。当外加交变电压的频率等于压电材料的固有频率时会产生共振,此时产生的超声波最强。压电式超声波传感器可以产生数 10kHz 到数 10MHz 的高频超声波,其声强可达数 10 瓦/cm²。

压电式超声波接收器是利用正压电效应原理进行工作的。当超声波作用到压电晶片上引起晶片伸缩,在晶片的两个表面上便产生极性相反的电荷,这些电荷被转换成电压经放大后送到测量电路,最后记录或显示出来。压电式超声波接收器的结构和超声波发生器基本相同,有时就用同一个传感器兼作发生器和接收器两种用途。

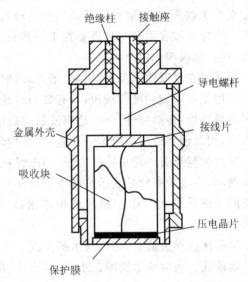

图 11-1-3 压电式超声波传感器结构

典型的压电式超声波传感器结构主要由压电晶片、吸收块(阻尼块)、保护膜等组成,如图 11-1-3 所示。压电晶片多为圆板形,超声波频率与其厚度成反比。压电晶片的两面镀有银层,作为导电的极板,底面接地,上面接至引出线。为了避免传感器与被测件直接接触而磨损压电晶片,在压电晶片下粘合一层保护膜。吸收块的作用是降低压电晶片的机械品质,吸收超声波的能量。

四、超声波传感器的应用

1.超声波物位传感器

超声波物位传感器是利用超声波在两种介质的分界面上的反射特性而制成的。如果从发射超声脉冲开始,到接收换能器接收到反射波为止的这个时间间隔为已知,就可以求出分界面的位置,利用这种方法可以对物位进行测量。根据发射和接收换能器的功能,传感器又可分为单换能器和双换能器。单换能器的传感器发射和接收超声波均使用一个换能器,而双换能器的传感器发射和接收各由一个换能器担任。

图 11-1-4 给出了几种超声物位传感器的结构示意图。超声波发射和接收换能器可设置水中,让超声波在液体中传播。由于超声波在液体中衰减比较小,所以即使发生的超声脉冲幅度较小也可以传播。超声波发射和接收换能器也可以安装在液面的上方,让超声波在空气中传播,这种方式便于安装和维修,但超声波在空气中的衰减比较厉害。

对于单换能器来说,超声波从发射到液面,又从液面反射到换能器的时间为

$$t = \frac{2h}{v}, \quad h = \frac{vt}{2}$$

式中,h 为换能器距液面的距离;v 为超声波在介质中传播的速度。

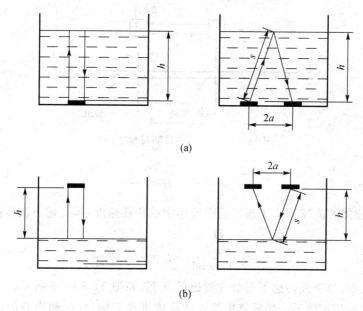

(a)

(b)

图 11-1-4 几种超声物位传感器的结构示意图

对于双换能器来说,超声波从发射到被接收经过的路程为 $2s$,而

$$s = \frac{vt}{2}$$

因此液位高度为

$$h = (s^2 - a^2)^{1/2}$$

式中，s 为超声波反射点到换能器的距离；a 为两换能器间距之半。

从以上公式中可以看出，只要测得超声波脉冲从发射到接收的间隔时间，便可以求得待测的物位。

超声物位传感器具有精度高和使用寿命长的特点，但若液体中有气泡或液面发生波动，便会有较大的误差。在一般使用条件下，它的测量误差为 ±0.1%，检测物位的范围为 10^{-2} ~ 10^4 m。

2. 超声波流量传感器

超声波流量传感器的测定原理是多样的，如传播速度变化法、波速移动法、多卜勒效应法、流动听声法等。但目前应用较广的主要是超声波传输时间差法。

超声波在流体中传输时，在静止流体和流动流体中的传输速度是不同的，利用这一特点可以求出流体的速度，再根据管道流体的截面积，便可知道流体的流量。

如果在流体中设置两个超声波传感器，它们可以发射超声波又可以接收超声波，一个装在上游，一个装在下游，其距离为 L。如图 11-1-5 所示。如设顺流方向的传输时间为 t_1，逆流方向的传输时间为 t_2，流体静止时的超声波传输速度为 c，流体流动速度为 v，则

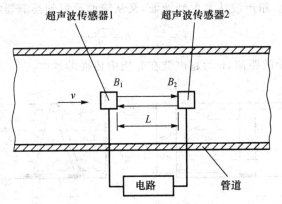

图 11-1-5　超声波测流量原理图

$$t_1 = \frac{L}{c+v}, \quad t_2 = \frac{L}{c-v}$$

一般来说，流体的流速远小于超声波在流体中的传播速度，那么超声波传播时间差为

$$t_1 = \frac{\frac{D}{\cos\theta}}{c+v\sin\theta}, \quad t_1 = \frac{\frac{D}{\cos\theta}}{c-v\sin\theta}$$

在实际应用中，超声波传感器安装在管道的外部，如图 11-1-6 所示。从管道的外面透过管壁发射和接收超声波不会给管路内流动的流体带来影响，此时超声波的传输时间将由下式确定：

超声波流量传感器具有不阻碍流体流动的特点，可测流体种类很多，不论是非导电的流体、高粘度的流体、浆状流体，只要能传输超声波的流体都可以进行测量。超声波流量计可用来对自来水、工业用水、农业用水等进行测量。还可用于下水道、农业灌溉、河流等流速的测量。

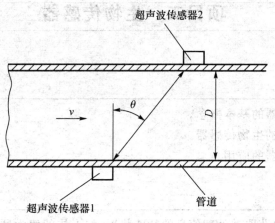

图 11-1-6　超声波传感器安装位置

3.超声波清洗

当弱的声波信号作用于液体中时,会对液体产生一定的负压,即液体体积增加,液体中分子空隙加大,形成许多微小的气泡;而当强的声波信号作用于液体时,则会对液体产生一定的正压,即液体体积被压缩减小,液体中形成的微小气泡被压碎。经研究证明:超声波作用于液体中时,液体中每个气泡的破裂会产生能量极大的冲击波,相当于瞬间产生几百度的高温和高达上千个大气压的压力,这种现象被称之为"空化作用",超声波清洗正是利用液体中气泡破裂所产生的冲击波来达到清洗和冲刷工件内外表面的作用。超声清洗多用于半导体、机械、玻璃、医疗仪器等行业。

 知识链接

磁致伸缩式超声波传感器

铁磁材料在交变的磁场中沿着磁场方向产生伸缩的现象,称为磁致伸缩效应。磁致伸缩效应的强弱即材料伸长缩短的程度,因铁磁材料的不同而各异。镍的磁致伸缩效应最大,如果先加一定的直流磁场,再通以交变电流时,它可以工作在特性最好的区域。磁致伸缩传感器的材料除镍外,还有铁钴钒合金和含锌、镍的铁氧体。它们的工作效率范围较窄,仅在数万 Hz 以内,但功率可达 10 万瓦,声强可达数 kW/mm^2,且能耐较高的温度。

磁致伸缩式超声波发生器是把铁磁材料置于交变磁场中,使它产生机械尺寸的交替变化即机械振动,从而产生出超声波。它是用几个厚为 $0.1 \sim 0.4mm$ 的镍片叠加而成,片间绝缘以减少涡流损失,其结构形状有矩形、窗形等。

磁致伸缩式超声波接收器的原理是:当超声波作用在磁致伸缩材料上时,引起材料伸缩,从而导致它的内部磁场(即导磁特性)发生改变。根据电磁感应,磁致伸缩材料上所绕的线圈里便获得感应电动势。此电势送到测量电路,最后记录或显示出来。

项目二 生物传感器

（1）了解生物传感器的基本概念。

（2）了解几种常用的生物传感器。

（3）了解生物传感器的应用。

传感器是一种可以获取并处理信息的特殊装置，如人体的感觉器官就是一套完美的传感系统，通过眼、耳、皮肤来感知外界的光、声、温度、压力等物理信息，通过鼻、舌感知气味和味道这样的化学刺激。而生物传感器是一类特殊的传感器，它以生物活性单元（如酶、抗体、核酸、细胞等）作为生物敏感单元，对目标测物具有高度选择性的检测器。生物传感器是一门由生物、化学、物理、医学、电子技术等多种学科互相渗透成长起来的高新技术。因其具有选择性好、灵敏度高、分析速度快、成本低、在复杂的体系中进行在线连续监测，特别是它的高度自动化、微型化与集成化的特点，使其在近数 10 年获得蓬勃而迅速的发展。在国民经济的各个部门如食品、制药、化工、临床检验、生物医学、环境监测等方面有广泛的应用前景。特别是分子生物学与微电子学、光电子学、微细加工技术及纳米技术等新学科、新技术结合，正改变着传统医学、环境科学动植物学的面貌。生物传感器的研究开发，已成为世界科技发展的新热点，形成 21 世纪新兴的高技术产业的重要组成部分，具有重要的战略意义。

一、生物传感器的基本概念

1. 生物传感器的原理及组成

生物传感器（biosensor）对生物物质敏感并将其浓度转换为电信号进行检测的仪器，是由固定化的生物敏感材料作识别元件（包括酶、抗体、抗原、微生物、细胞、组织、核酸等生物活性物质）与适当的理化换能器（如氧电极、光敏管、场效应管、压电晶体等等）及信号放大装置构成的分析工具或系统。生物传感器具有接受器与转换器的功能。

2. 生物传感器的分类

用固定化生物成分或生物体作为敏感元件的传感器称为生物传感器（biosensor）。生物传感器并不专指用于生物技术领域的传感器，它的应用领域还包括环境监测、医疗卫生和食品检验等。生物传感器主要有下面 3 种分类命名方式。

（1）根据生物传感器中分子识别元件即敏感元件可分为五类：酶传感器（enzymesensor），微生物传感器（microbialsensor），细胞传感器（organallsensor），组织传感器（tis－suesensor）和免疫传感器（immunolsensor）。显而易见，所应用的敏感材料依次为酶、微生物个体、细胞器、动植物组织、抗原和抗体。

（2）根据生物传感器的换能器即信号转换器分类有：生物电极（bioelectrode）传感器，半导体生物传感器（semiconductbiosensor），光生物传感器（opticalbiosensor），热生物传感器（calorimetricbiosensor），压电晶体生物传感器（piezoelectricbiosensor）等，换能器依次为电化学电极、半导体、光电转换器、热敏电阻、压电晶体等。

（3）以被测目标与分子识别元件的相互作用方式进行分类有生物亲合型生物传感器（affinitybiosensor）。

3种分类方法之间实际互相交叉使用。

3.生物传感器的特点

（1）采用固定化生物活性物质作催化剂，价值昂贵的试剂可以重复多次使用，克服了过去酶法分析试剂费用高和化学分析繁琐复杂的缺点。

（2）专一性强，只对特定的底物起反应，而且不受颜色、浊度的影响。

（3）分析速度快，可以在一分钟得到结果。

（4）准确度高，一般相对误差可以达到1％。

（5）操作系统比较简单，容易实现自动分析。

（6）成本低，在连续使用时，每例测定仅需要几分钱人民币。

（7）有的生物传感器能够可靠地指示微生物培养系统内的供氧状况和副产物的产生。在产控制中能得到许多复杂的物理化学传感器综合作用才能获得的信息。同时它们还指明了增加产物得率的方向。

二、几种常用的生物传感器

1.酶传感器

酶传感器是发展最早，也是目前最成熟的一类生物传感器。它是在固定化酶的催化作用下，生物分子发生化学变化后，通过换能器记录变化从而间接测定出待测物浓度。

目前国际上已研制成功的酶传感器有20余种，其中最成熟的是葡萄糖传感器。使用时将酶电极浸入到样品溶液中，溶液中的葡萄糖即扩散到酶膜上，在固定于酶膜上的葡萄糖氧化酶作用下生成葡萄糖酸，同时消耗氧气，通过氧电极测定溶液中氧浓度的变化，推测出样品中葡萄糖的浓度。

2.组织传感器

利用动植物组织中多酶系统的催化作用来检测待测物。由于所利用的是组织中的酶，无需人工提纯过程，因而较稳定，使用时间长。

3.微生物传感器

将微生物固定在生物敏感膜上，利用微生物的呼吸作用或所含有的酶类，来测定待测物质尤其是发酵过程中的物质浓度。

4.免疫传感器

利用抗原和抗体之间的高度特异性，将抗原（或抗体）结合在生物敏感膜上，来测定样品中相应抗体（或抗原）的浓度。

5.场效应晶体管生物传感器

结合了晶体管工艺，所需酶或抗体量很少，被认为是第三代生物传感器。目前实际应用不多，但发展潜力巨大。

三、生物传感器的应用

1. 测定分析。

(1)食品成分分析。在食品工业中,葡萄糖的含量是衡量水果成熟度和贮藏寿命的一个重要指标。已开发的酶电极型生物传感器可用来分析白酒、苹果汁、果酱和蜂蜜中的葡萄糖。其他糖类,如果糖,啤酒、麦芽汁中的麦芽糖,也有成熟的测定传感器。Niculescu 等人研制出一种安培生物传感器,可用于检测饮料中的乙醇含量。这种生物传感器是将一种配蛋白醇脱氢酶埋在聚乙烯中,酶和聚合物的比例不同可以影响该生物传感器的性能。在目前进行的实验中,该生物传感器对乙醇的测量极限为 lnM。

(2)食品添加剂的分析。亚硫酸盐通常用作食品工业的漂白剂和防腐剂,采用亚硫酸盐氧化酶为敏感材料制成的电流型二氧化硫酶电极可用于测定食品中的亚硫酸盐含量,测定的线性范围为 $0\sim6^4 mol/L$。又如饮料、布丁、昔等食品中的甜味素,Guibault 等采用天冬氨酶结合氨电极测定,线性范围为 $2\times10^{-5}\sim1\times10^{-3} mol/L$。此外,也有用生物传感器测定色素和乳化剂的报道。

(3)农药残留量分析。近年来,人们对食品中的农药残留问题越来越重视,各国政府也不断加强对食品中的农药残留的检测工作。Yamazaki 等人发明了一种使用人造酶测定有机磷杀虫剂的电流式生物传感器,利用有机磷杀虫剂水解酶,对硝基酚和二乙基酚的测定极限为 $10^{-7} mol$,在 40℃下测定只要 4min。Albareda 等用戊二醛交联法将乙酰胆碱醋酶固定在铜丝碳糊电极表面,制成一种可检测浓度为 $10^{-10} mol/L$ 的对氧磷和 $10^{-11} mol/L$ 的克百威的生物传感器,可用于直接检测自来水和果汁样品中两种农药的残留。

(4)微生物和毒素的检验。食品中病原性微生物的存在会给消费者的健康带来极大的危害,食品中毒素不仅种类很多而且毒性大,大多有致癌、致畸、致突变作用,因此,加强对食品中的病原性微生物及毒素的检测至关重要。

食用牛肉很容易被大肠杆菌 0157.H7. 所感染,因此,需要快速灵敏的方法检测和防御大肠杆菌 0157.H7 一类的细菌。Kramerr 等人研究的光纤生物传感器可以在几 min 内检测出食物中的病原体(如大肠杆菌 0157.H7.),而传统的方法则需要几 d。这种生物传感器从检测出病原体到从样品中重新获得病原体并使它在培养基上独立生长总共只需 1d 时间,而传统方法需要 4d。

还有一种快速灵敏的免疫生物传感器可以用于测量牛奶中双氢除虫菌素的残余物,它是基于细胞质基因组的反应,通过光学系统传输信号。已达到的检测极限为 16.2ng/ml。一天可以检测 20 个牛奶样品。

(5)食品鲜度的检测。食品工业中对食品鲜度尤其是鱼类、肉类的鲜度检测是评价食品质量的一个主要指标。Volpe 等人以黄嘌呤氧化酶为生物敏感材料,结合过氧化氢电极,通过测定鱼降解过程中产生的一磷酸肌苷(IMP)肌苷(IIXR)和次黄嘌呤(HX)的浓度,从而评价鱼的鲜度,其线性范围为 $5\times10^{-10}\sim2\times10^{-4} mol/L$。

2. 环境监测

近年来,环境污染问题日益严重,人们迫切希望拥有一种能对污染物进行连续、快速、在线监测的仪器,生物传感器满足了人们的要求。目前,已有相当部分的生物传感器应用于环境监测中。

(1)水环境监测。生化需氧量(BOD)是一种广泛采用的表征有机污染程度的综合性指标。在水体监测和污水处理厂的运行控制中,生化需氧量也是最常用、最重要的指标之一。常规的 BOD 测定需要 5d 的培养期,而且操作复杂,重复性差,耗时耗力,干扰性大,不适合现场监测。SiyaWakin 等人利用一种毛抱子菌(Trichosporoncutaneum)和芽抱杆菌(Bacilluslicheniformis)制作一种微生物 BOD 传感器。该 BOD 生物传感器能同时精确测量葡萄糖和谷氨酸的浓度。测量范围为 0.5～40mg/L,灵敏度为 5.84nA/mgL。该生物传感器稳定性好,在 58 次实验中,标准偏差仅为 0.0362。所需反应时间为 5～10min。

NO_3^- 离子是主要的水污染物之一,如果添加到食品中,对人体的健康极其有害。Zatsll 等人提出了一种整体化酶功能场效应管装置检测 NO_3^- 离子的方法。该装置对 NO_3^- 离子的检测极限为 $7×10^{-5}$ mol,响应时间不到 50s,系统操作时间约为 85s。

此外,还有报道 Han 等人将假单胞菌固定在抓离子电极上,实时监测工业废水中三氯乙烯,检测范围 0.1～4mg/L,检测时间在 10min 内。

(2)大气环境监测。二氧化硫(SO_2)是酸雨酸雾形成的主要原因,传统的检测方法很复杂。Martyr 等人将亚细胞类脂类(含亚硫酸盐氧化酶的肝微粒体)固定在醋酸纤维膜上,和氧电极制成安培型生物传感器,对 SO_2 形成的酸雨酸雾样品溶液进行检测,10min 可以得到稳定的测试结果。

NO_x 不仅是造成酸雨酸雾的原因之一,同时也是光化学烟雾的罪魁祸首。Charles 等人用多孔渗透膜、固定化硝化细菌和氧电极组成的微生物传感器来测定样品中亚硝酸盐含量,从而推知空气中 NO_x 的浓度。其检测极限为 $0.01×10^{-6}$ mol/L。

3. 发酵工业

在各种生物传感器中,微生物传感器具有成本低、设备简单、不受发酵液混浊程度的限制、可能消除发酵过程中干扰物质的干扰等特点。因此,在发酵工业中广泛地采用微生物传感器作为一种有效的测量工具。

(1)原材料及代谢产物的测定。微生物传感器可用于测量发酵工业中的原材料(如糖蜜、乙酸等)和代谢产物(如头孢霉素、谷氨酸、甲酸、醇类、乳酸等)。测量的装置基本上都是由适合的微生物电极与氧电极组成,原理是利用微生物的同化作用耗氧,通过测量氧电极电流的变化量来测量氧气的减少量,从而达到测量底物浓度的目的。

2002 年,Tkac 等人将一种以铁氰化物为媒介的葡萄糖氧化酶细胞生物传感器用于测量发酵工业中的乙醇含量,13s 内可以完成测量,测量灵敏度为 3.SnAlnmol·L^{-1}。该微生物传感器的检测极限为 0.85nmol·L^{-1},测量范围为 2～270nmol·L^{-1},稳定性能很好。在连续8.5h 的检测中,灵敏度没有任何降低。

(2)微生物细胞数目的测定。发酵液中细胞数的测定是重要的。细胞数(菌体浓度)即单位发酵液中的细胞数量。一般情况下,需取一定的发酵液样品,采用显微计数方法测定,这种测定方法耗时较多,不适于连续测定。在发酵控制方面迫切需要直接测定细胞数目的简单而连续的方法。人们发现:在阳极(Pt)表面上,菌体可以直接被氧化并产生电流。这种电化学系统可以应用于细胞目的侧定。侧定结果与常规的细胞计数法测定的数值相近。利用这种电化学微生物细胞数传感器可以实现菌体浓度连续、在线的测定。

4. 医学

医学领域的生物传感器发挥着越来越大的作用。生物传感技术不仅为基础医学研究及临床诊断提供了一种快速简便的新型方法,而且因为其专一、灵敏、响应快等特点,在军事医学方面,也具有广的应用前景。

(1)临床医学。在临床医学中,酶电极是最早研制且应用最多的一种传感器,目前,已成功地应用于血糖、乳酸、维生素C、尿酸、尿素、谷氨酸、转氨酶等物质的检测。其原理是:用固定化技术将酶装在生物敏感膜上,检测样品中若含有相应的酶底物,则可反应产生可接受的信息物质,指示电极发生响应可转换成电信号的变化,根据这一变化,就可测定某种物质的有无和多少。利用具有不同生物特性的微生物代替酶,可制成微生物传感器,在临床中应用的微生物传感器有葡萄糖、乙醇、胆固醇等传感器。若选择适宜的含某种酶较多的组织,来代替相应的酶制成的传感器称为生物电极传感器。如用猪肾、兔肝、牛肝、甜菜、南瓜和黄瓜叶制成的传感器,可分别用于检测谷酰胺、鸟嘌呤、过氧化氢、酪氨酸、维生素C和胱氨酸等。

DNA传感器是目前生物传感器中报道最多的一种,用于临床疾病诊断是DNA传感器的最大优势,它可以帮助医生从DNA,RNA、蛋白质及其相互作用层次上了解疾病的发生、发展过程,有助于对疾病的及时诊断和治疗。此外,进行药物检测也是DNA传感器的一大亮点。Brabec等人利用DNA传感器研究了常用铂类抗癌药物的作用机理并测定了血液中该类药物的浓度。

(2)军事医学。军事医学中,对生物毒素的及时快速检测是防御生物武器的有效措施。生物传感器已应用于监测多种细菌、病毒及其毒素,如炭疽芽胞杆菌、鼠疫耶尔森菌、埃博拉出血热病毒、肉毒杆菌类毒素等。

● 单 元 提 炼

振动在弹性介质内的传播称为波动。声波是一种能在气体、液体、固体中传播的机械波。根据声波频率的范围,声波可分为次声波、声波和超声波。声波频率在 $16\sim2\times10^4$ Hz 之间、能为人耳所闻的机械波。次声波:频率低于 16 Hz 的机械波超声波:频率高于 2×10^4 Hz 的机械波。超声波的波形:①纵波:质点振动方向与波的传播方向一致的波。它能在固体、液体和气体中传播。②横波:质点振动方向垂直于传播方向的波。它只能在固体中传播。③表面波:质点的振动介于纵波与横波之间,沿着表面传播,振幅随深度增加而迅速衰减的波。表面波随深度增加衰减很快,只能沿着固体的表面传播。为了测量各种状态下的物理量,多采用纵波。生物传感器(biosensor)对生物物质敏感并将其浓度转换为电信号进行检测的仪器。是由固定化的生物敏感材料作识别元件(包括酶、抗体、抗原、微生物、细胞、组织、核酸等生物活性物质)与适当的理化换能器(如氧电极、光敏管、场效应管、压电晶体等等)及信号放大装置构成的分析工具或系统。生物传感器具有接受器与转换器的功能。

● 单 元 练 习

11.1 超声波传感器的特点有哪些?
11.2 简述超声波探伤的工作原理。
11.3 生物传感器有哪些种类?有什么功能?
11.4 生物传感器中信号转换方式有哪几种?

第十二单元 传感器应用技术

项目一 传感器测量电路

学 习 任 务

(1)了解传感器测量电路的作用与要求。
(2)了解传感器测量电路的分类、特点与组成。

相 关 理 论

当传感器的输出信号为动态的电阻、电容、电感等电参数时,或以电压、电荷、电流等电量变化时,通常由电路将信号按模拟电路的制式或数字电路的制式传输到测量系统的终端进行动作或显示。传感器测量电路在传感器的应用当中占有相当重要的位置,它不仅可以实现传感器的动作或显示,还可以实现传感器的自动控制。本任务主要是对传感器测量电路的基本知识进行简单的介绍。

一、传感器测量电路的作用与要求

1.传感器测量电路的作用

传感器的输出信号经过加工后可以提高其信噪比并易于传输和与后续电路环节相匹配。

根据测量项目的要求,传感器测量电路有时可能只是一个简单的转换电路,有时则要与数台为了完成某些特定功能的仪器、仪表相组合。传感器测量电路前、后两端的配置一般如图12-1-1所示。

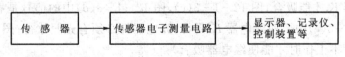

图12-1-1 测量电路连接框图

2.传感器测量电路的要求

传感器测量电路的选用应考虑如下几方面。

(1)考虑阻抗匹配及长电缆可能带来的电阻、电容和噪声的影响。

(2)放大器的放大倍数。

(3)测量电路的选用。

(4)测量电路中用的晶体管，集成电路和其他元、器件的选用。

(5)考虑外部和内部的温度影响及电磁场的干扰。

(6)测量电路的结构和尺寸,电源电压和功耗。

二、传感器测量电路的类型、特点与组成

1. 模拟电路

当传感器的输出信号为动态的电阻、电容、电感等电参数时，或以电压、电荷、电流等电量变化时，通常由模拟电路将信号按摸拟电路的制式传输到测量系统的终端。其测量电路的基本组成框图如图 12-1-2 所示。

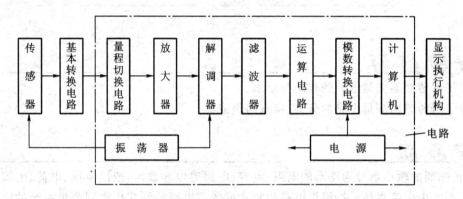

图 12-1-2　模拟式测量电路组成框图

几点说明:

(1)若传感器的输出已经是电量量，则不需要基本转换电路;如果传感器的输出是一些电参数的变化，则需要通过基本电路首先将其转换成电参量。

(2)采用"调制"的方法对信号进行处理。

(3)量程切换电路是为适应不同测量范围的参数需要而设置的。

(4)有些被测参数，要求数字显示或送入计算机进行处理，需要 A/D 转换电路。

2. 开关型测量电路

当传感器的输出信号为开关信号时的测量电路称之为开关型测量电路。如图 12-1-3(a)中只有当开关 S 触电闭合，继电器 K 吸合时，才有放大信号输出;图 12-1-3(b)中只有开关断开后，继电器 K 才能吸合;图 12-1-3(c)、图 12-1-3(d)中的信号是靠光电器件来控制的，其中图 12-1-3(c)中要使继电器 K 吸合，光电器件必须有光照才行;图 12-1-3(d)则是在无光照，光电管不工作时才能使继电器吸合。

3. 绝对码型测量电路

绝对式编码传感器输出的数字编码与被测量的绝对位置值一一对应，每一码道的状态有相应的光电元件读出，经光电转换和放大整形后，得到与被测量相对应的编码信号。组成框图如图 12-1-4 所示。

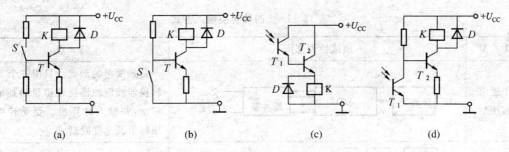

图 12-1-3　开关型测量电路

(a)触点闭合继电器吸合;(b)触点断开继电器吸合;

(c)光电元件有光照时继电器吸合;(d)光电元件无光照时继电器吸合

图 12-1-4　绝对码型测量电路的组成框图

4.增量码数字式测量电路

光栅、磁栅、感应同步器等数字式传感器,输出的是增量码信号,其测量电路的典型组成框图如图 12-1-5 所示。

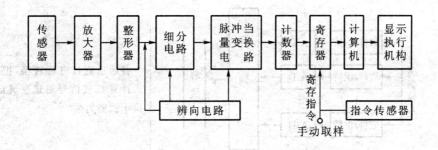

图 12-1-5　增量码数字式测量电路的组成框图

(1)传感器与计算机的基本接口方式见表 12-1-1。

表 12-1-1传感器与计算机的基本接口方式

接口方式	基 本 方 法
模拟量接口方式	传感器输出信号→放大→取样/保持→模拟多路开关→A/D 转换→I/O 接口→计算机
开关量接口方式	开关型传感器输出(逻辑 1 或 0)信号→缓冲器→计算机
数字量接口方式	数字型传感器输出数字量(二进制代码、BCD 码、脉冲序列等)→计数器→缓冲器→计算机

(2)4 种转换输入方式见表 12-1-2。

表 12-1-2 四种转换输入方式

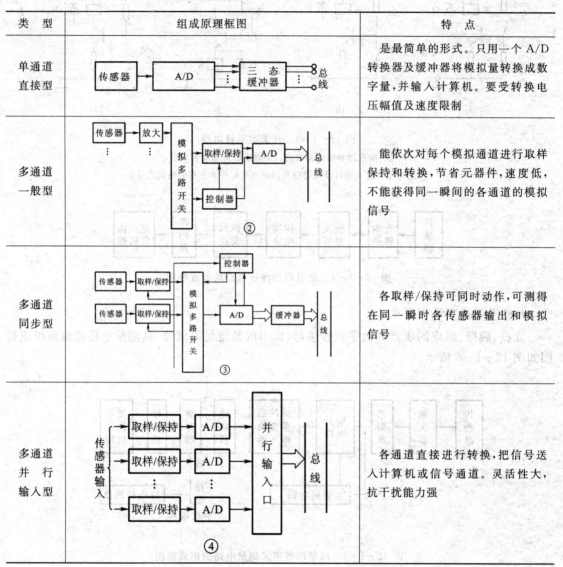

类　型	组成原理框图	特　点
单通道直接型	传感器 → A/D → 三态缓冲器 → 总线	是最简单的形式。只用一个 A/D 转换器及缓冲器将模拟量转换成数字量,并输入计算机。要受转换电压幅值及速度限制
多通道一般型	传感器 → 放大 → 模拟多路开关 → 取样/保持 → A/D → 总线, 控制器 ②	能依次对每个模拟通道进行取样保持和转换,节省元器件,速度低,不能获得同一瞬间的各通道的模拟信号
多通道同步型	传感器 → 取样/保持 → 模拟多路开关 → A/D → 缓冲器 → 总线, 控制器 ③	各取样/保持可同时动作,可测得在同一瞬时各传感器输出和模拟信号
多通道并行输入型	传感器输入 → 取样/保持 → A/D → 并行输入口 → 总线 ④	各通道直接进行转换,把信号送入计算机或信号通道。灵活性大,抗干扰能力强

项目二　噪声与抗干扰技术

学 习 任 务

掌握传感器测量电路的噪声与抗干扰技术。

相关理论

一、噪声源

1.内部干扰噪声

内部干扰噪声指的是测量装置内部元器件的物理性能随机变动时对传感器及其测量电路形成的干扰。

常见的内部干扰噪声有：①电阻热噪声。②半导体散弹噪声。③接触噪声。

2.外部干扰噪声

外部干扰噪声是指测量装置以外的各种因素对传感器及其测量电路造成的干扰。

常见的外部干扰噪声有：①放电噪声。②电磁噪声。③环境噪声。

二、耦合通道

测量装置能够接收噪声干扰的途径，就是干扰噪声进入传感器及其测量电路的通道。这种通道通常是以对干扰信号的耦合方式进行的，故又称之为耦合通道。这种耦合通道的形式有以下几种。

1.电容性耦合

通过信号线之间的分布电容产生的耦合称之为电容性耦合，电容性耦合的等效电路如图 12-2-1 所示。

导线 1——噪声源，E_N——噪声源电势，导线 2——被干扰的电路，C_m——导线 1 和导线 2 之间的分布电容，Z_i——被干扰电路的等效输入阻抗。

在 Z_i 上的干扰电压值为

$$U_N = J_w C_m Z_i E_N$$

结论：

① U_N 与 E_N 成正比，所以形成高电压，小电流的噪声源。

② U_N 与 J_w 成正比，形成射频电压噪声源。

③ U_N 与 Z_i 成正比，应尽可能减小 Z_i 值，这样可降低电场传播时的噪声。

④ U_N 与 C_m 成正比，可适当改变导线的方向并进行屏蔽，或尽量增大两导线之间的距离。

2.共阻抗耦合

利用两个电路存在公共阻抗，使一个电路的电流在另一个电路上产生干扰电压的耦合方式称之为共阻抗耦合。共阻抗耦合的等效电路如图 12-2-2 所示。

它们之间的关系为

$$U_N = I_N Z_C$$

结论：

U_N 与 I_N 成正比，同时又与 Z_C 成正比，测量电路中必然会因 Z_C 的缘故形成电感性耦合，产生干扰。要消除这一干扰，就必须先消除公共阻抗，在测量电路中重新安排。

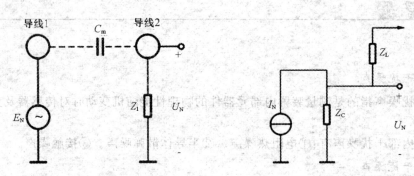

图12-2-1　电容耦合等效电路　　　　图12-2-2　共阻抗耦合等效电路

Z_C— 公共阻抗；I_N— 噪声源的噪声电流；

U_N— 被干扰电路的噪声电压

3.漏电流耦合

由于绝缘不良，使得流经绝缘电阻 R 形成漏电流而引起的噪声干扰称之为漏电流耦合。其等效电路如图 12-2-3 所示。

图中 E_N 为噪声电势，R 为漏电阻，Z_i 为被干扰电路的输入阻抗，此时的干扰电压为：$U_N = \dfrac{Z_i E_N}{R + Z_i}$

漏电流通常发生在以下几种场合：① 用仪表测量高的直流电压时。② 在测量装置附近有较高的直流电压源时。③ 高输入阻抗的直流放大器中。

在测量系统中，为了改善漏电流引起的干扰，一般采用提高绝缘性能和采取相应的防护措施来达到。

在噪声源与测量装置之间除了上述耦合方式外，还有"串模干扰"与"共模干扰"的问题。

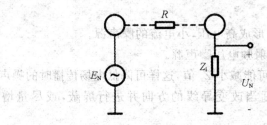

图12-2-3　漏电流耦合等效电路

(1)串模干扰。噪声信号串接在测量信号接收器的一个输入端上，即干扰信号与有用信号叠加起来同时作用于输入端，因此它将直接影响测量的结果。

(2)共模干扰。在信号接收器的两个输入端同时出现干扰电压。这种干扰电压虽然不直接影响测量结果，但是，当信号输入电路的参数不对称时，就会转化成串模干扰，从而对测量产生影响。

三、其他抗干扰措施

1.屏蔽

(1)屏蔽的对象：$\begin{cases} 干扰源（主动屏蔽） \\ 接收体（被动屏蔽） \end{cases}$

(2)根据干扰场的性质,屏蔽可分为电屏蔽,磁屏蔽和电磁屏蔽3种。

① 电屏蔽（又称静电屏蔽）。指的是在静电场作用下,导体内部无电力线存在,达到消除或削弱两个回路之间由于分布电容的耦合而形成的干扰。

② 磁屏蔽（或称低频磁屏蔽）。对于低频磁场的干扰,采用强磁材料做成屏蔽体对干扰信号加以屏蔽。

③ 电磁屏蔽。主要用来防止高频电磁场的影响。

电磁屏蔽有两个作用：

① 通过低电阻金属材料制成的屏蔽体表面对电磁场会产生反射而削弱其影响。

② 由于电磁场在屏蔽体内产生涡流,那么利用反方向的涡流磁场就可抵消掉高频电磁场的干扰。

2.接地

(1)目的：① 为了安全（安全接地）；② 为了给装置的电路提供一个基准电压,并给因高频形成的干扰提供一个低阻通路（工作接地）。

(2)接地方式 $\begin{cases} 安全接地：一点接地 \\ 工作接地 \begin{cases} 低频：一点接地 \\ 高频：多点接地 \end{cases} \end{cases}$

接地方式如图 12-2-4 所示。

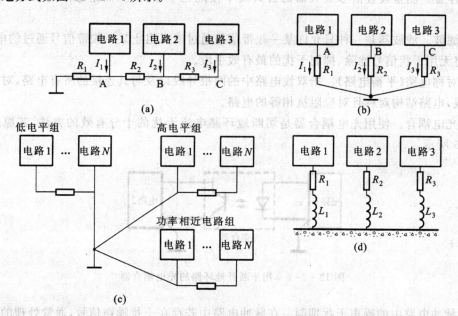

图 12-2-4 接地方式

(a)串联一点接地；(b)并联一点接地；(c)多点接地；(d)串、并联一点接地

图 12-2-4 中 R,L 为接地引线的电阻和电感,这几种接地方式的特点见表 12-2-1。

表 12-2-1　图 12-2-4 接地方式的特点

接地方式	主　要　特　点	图　例
串联一点接地	各接地点电位不同,并受其他电路工作电流影响。	图(a)
并联一点接地	各电路的地电位仅与本电路的地电流和地电阻有关。	图(b)
串、并联 一点接地	兼有串联接地布线简单、并联接地点不存在共阻抗噪声干扰的优点。	图(d)
多点接地	高频时,为了减少接地引线阻抗,各接地点分别就近接在接地汇流排或底座、外壳等金属构件上。	图(c)

强调:整个测量装置的接地线系统,至少要有 3 种分开的地线,如图 12-2-5 所示。图中的 3 条地线应连在一起,并通过一点去接地,从而消除各接地线之间的相互干扰。

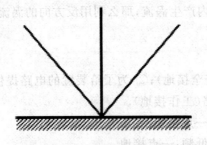

图 12-2-5　3 种接地线一点接地

(3)浮置。测量装置信号放大器的公共线不接地也不接机壳,而是悬浮起来的方式称为浮置。

(4)滤波。滤波器是一种只允许某一频带信号通过或只阻止某一频带信号通过的电路,它是目前将无用干扰信号滤除、抑制干扰的最有效手段。

(5)对称电路(平衡电路)。指双线电路中的两根导线以及与其连接的所有电路,对地或对其他导线,电路结构对称且对应阻抗相等的电路。

(6)光电耦合。使用光电耦合器是切断地环路电流干扰的十分有效的方法,其原理如图 12-2-6 所示。

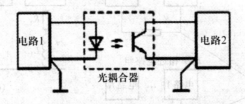

图 12-2-6　用于断开地环路的光电耦合器

(7)脉冲电路中的噪声干扰抑制。在脉冲电路中若存在干扰噪声信号,通常处理的方法是将输入脉冲信号(含干扰信号)微分后再积分,然后设置一定幅度的门槛电压,由射极输出器输出,滤除无用的干扰脉冲信号。

● ─ 单 元 提 炼 ─

通过学习要求掌握传感器信号处理常用的基本电路以及传感器信号的放大、处理和转换。为以后学习传感器应用,组成测量系统打下基础。

● ─ 单 元 练 习 ─

12.1 对传感器输出的微弱电压信号进行放大时,为什么要采用测量放大器?

12.2 在模拟量自动检测系统中常用的线性化处理方法有哪些?

12.3 说明检测系统中非线性校正环节(线性化器)的作用。

12.4 如何得到非线性校正环节的曲线?

12.5 检测装置中常见的干扰有几种?采取何种措施予以防止?

12.6 屏蔽有几种型式?各起什么作用?

12.7 接地有几种型式?各起什么作用?

12.8 脉冲电路中的噪声抑制有哪几种方法?请扼要表达它的抑制原理?

第十三单元　综合试验

实验一　金属箔式应变片——全桥性能实验

一、实验目的

了解全桥测量电路的原理及优点。

二、基本原理

全桥测量电路中,将受力性质相同的两个应变片接入电桥对边,当应变片初始阻值:$R_1 = R_2 = R_3 = R_4$,其变化值 $\Delta R_1 = \Delta R_2 = \Delta R_3 = \Delta R_4$ 时,其桥路输出电压 $U_{03} = KE\varepsilon$。其输出灵敏度比半桥又提高了一倍,非线性误差和温度误差均得到明显改善。

三、需用器件和单元

应变式传感器实验模板、砝码、数显表、$\pm 15V$ 电源、$\pm 5V$ 电源。

四、实验内容与步骤

根据图 13-1 接线,实验方法与实验二相同。将实验结果填入表 13-1;进行灵敏度和非线性误差计算。

表 13-1　全桥输出电压与加负载重量值

重量 /g								
电压 /mV								

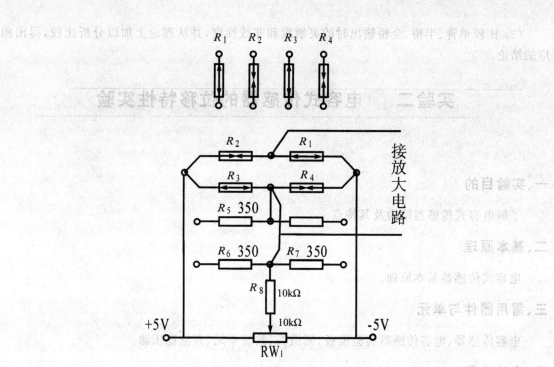

图 13 - 1　应变式传感器全桥实验接线图

五、实验注意事项

（1）不要在砝码盘上放置超过 1kg 的物体，否则容易损坏传感器。

（2）电桥的电压为 ±5V，绝不可错接成 ±15V。

六、思考题

（1）全桥测量中，当两组对边（R_1，R_3 为对边）值 R 相同时，即 $R_1 = R_3$，$R_2 = R_4$，而 $R_1 \neq R_2$ 时，是否可以组成全桥：（1）可以（2）不可以。

（2）某工程技术人员在进行材料拉力测试时在棒材上贴了两组应变片，如何利用这四片电阻应变片组成电桥，是否需要外加电阻。图 13 - 2 为应变式传感器受拉时传感器周面展开图。

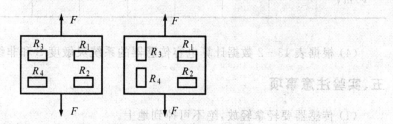

图 13 - 2　x 应变式传感器受拉时传感器周面展开图

七、实验报告要求

（1）根据所记录的数据绘制出全桥时传感器的特性曲线。

（2）比较单臂、半桥、全桥输出时的灵敏度和非线性度，并从理论上加以分析比较，得出相应的结论。

实验二　　电容式传感器的位移特性实验

一、实验目的

了解电容式传感器结构及其特点。

二、基本原理

电容式传感器基本原理。

三、需用器件与单元

电容传感器、电容传感器实验模板、测微头、数显单元、直流稳压源。

四、实验步骤

（1）按图 13-3 电容传感器位移实验接线图，将电容式传感器装于电容传感器实验模板上，将传感器引线插头插入实验模板的插座中。

（2）将电容传感器实验模板的输出端 V_{o1} 与数显单元 V_i 相接（插入主控箱 V_i 孔）R_w 调节到中间位置。

（3）接入 ±15V 电源，旋动测微头改变电容传感器动极板的位置，每隔 0.2mm 记下位移 X 与输出电压值，填入表 13-2。（测量从电压最小值时的值，并向左右移以及上下行的值，总共有 40 个数据）

表 13-2　　电容传感器位移与输出电压值

X/mm									
V/mV									

（4）根据表 13-2 数据计算电容传感器的系统灵敏度 S 和非线性误差。

五、实验注意事项

（1）传感器要轻拿轻放，绝不可掉到地上。
（2）做实验时，不要接触传感器，否则将会使线性变差。

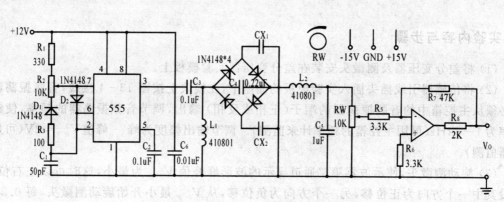

图 13-3 电容传感器位移实验接线图

六、思考题

（1）简述什么是传感器的边缘效应，它会对传感器的性能带来哪些不利影响。

（2）电容式传感器和电感式传感器相比，有哪些优缺点？

七、实验报告要求

（1）整理实验数据，根据所得得实验数据做出传感器的特性曲线，并利用最小二乘法做出拟合直线，计算该传感器得非线性误差。

（2）根据实验结果，分析引起这些非线性得原因，并说明怎样提高传感器得线性度。

实验三 差分变压器的性能测定

一、实验目的

（1）了解差分变压器的工作原理和特性。

（2）了解三段式差分变压器的结构。

二、基本原理

差分变压器由一只初级线圈和二只次线圈及铁芯组成，根据内外层排列不同，有二段式和三段式，本实验采用三段式结构。当传感器随着被测体移动时，由于初级线圈和次级线圈之间的互感发生变化促使次级线圈感应电势产生变化，一只次级感应电势增加，另一只感应电势则减少，将两只次级反向串接，即同名端接在一起，就引出差动输出，其输出电势则反映出被测体的位移量。

三、需用器件与单元

差分变压器实验模板、测微头、双线示波器、差分变压器、音频信号源。

187

四、实验内容与步骤

(1) 将差分变压器及测微头安装在差分变压器实验模板上。

(2) 将传感器引线插头插入实验模板的插座中,在模块上按图 13-4 接线,音频振荡器信号必须从主控箱中的音频振荡器的端子(正相或反相)输出,调节音频振荡器的频率,使输出频率为 4-5kHz(可用主控箱的频率计来监测)。调节输出幅度为峰—峰值 $V_{p-p}=2V$(可用示波器监测)。

(3) 旋动测微头,使示波器第二通道显示的波形峰峰值 V_{p-p} 为最小,这时可以左右位移,假设其中一个方向为正位移,另一个方向为负位移,从 V_{p-p} 最小开始旋动测微头,每 0.2mm 从示波器上读出输出电压 V_{p-p} 值,填入表 13-3 中,再从 V_{p-p} 最小处反向位移做实验,在实验过程中,注意左、右位移时,初、次级波形的相位关系。

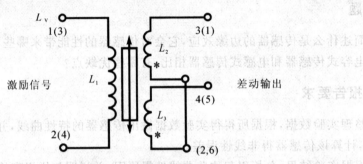

图 13-4 双踪示波器与差分变压器连接示意图

表 13-3 差分变压器位移 X 值与输出电压数据表

X/mm									
V/mV									

(4) 实验过程中注意差动变压器输出的最小值即为差动变压器的零点残余电压的大小,根据表 13-3 画出 $V_{op-p}-X$ 曲线,求出量程为 $\pm 1mm$、$\pm 3mm$ 灵敏度和非线性误差。

五、实验注意事项

(1) 在做实验前,应先用示波器监测差分变压器激励信号的幅度,使之为 V_{p-p} 值为 4V,不能太大,否则差动变压器发热严重,影响其性能,甚至烧毁线圈。

(2) 模块上 L_2,L_3 线圈旁边的"*"表示两线圈的同名端。

六、思考题

(1) 用差分变压器测量较高频率的振幅,例如 1kHz 的振动幅值,可以吗?差分变压器测量频率的上限受什么影响?

(2) 试分析差分变压器与一般电源变压器的异同?

七、实验报告要求

(1)根据实验测得的数据,绘制出测微头左移和右移时传感器的特性曲线。
(2)分析产生非线性误差的原因。

实验四 压电式传感器测振动实验

一、实验目的

了解压电传感器的测量振动的原理和方法。

二、基本原理

压电式传感器由惯性质量块和受压的压电片等组成。(观察实验用压电加速度计结构)工作时传感器感受与试件相同频率的振动,质量块便有正比于加速度的交变力作用在晶片上,由于压电效应,压电晶片上产生正比于运动加速度的表面电荷。

三、需用器件与单元

振动台、压电传感器、检波、移相、低通滤波器模板、压电式传感器实验模板。双踪示波器。

四、实验步骤

(1)压电传感器已装在振动台面上。
(2)将低频振荡器信号接入到台面三源板振动源的激励源插孔。

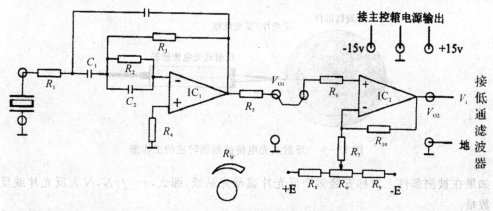

图 13-5 压电式传感器性能实验接线图

(3)将压电传感器输出两端插入到压电传感器实验模板两输入端,如图 13-5 所示,与传感器外壳相连的接线端接地,另一端接 R_1。将压电传感器实验模板电路输出端 V_{o1},接 R_6。将压电传感器实验模板电路输出端 V_{o2}，接入低通滤波器输入端 V_i，低通滤波器输出 V_o 与示波器相连。

（4）合上主控箱电源开关，调节低频振荡器的频率和幅度旋钮使振动台振动，观察示波器波形。

（5）改变低频振荡器的频率，观察输出波形变化。

（6.）用示波器的两个通道同时观察低通滤波器输入端和输出端波形。

实验五　光电、磁电传感器测量转速

一、实验目的

（1）了解和掌握采用光电传感器测量的原理和方法。
（2）了解和掌握采用磁电传感器测量的原理和方法。
（3）了解和掌握转速测量的基本方法。

二、基本原理

（1）光电传感器的结构和工作原理。光电传感器在工业上的应用可归纳为吸收式、遮光式、反射式、辐射式 4 种基本形式。本实验采用的是反射式光电传感器。反射式光电传感器的工作原理如图 13-6 所示，主要由被测旋转部件、反光片（或反光贴纸）、反射式光电传感器组成，在可以进行精确定位的情况下，在被测部件上对称安装多个反光片或反光贴纸会取得较好的测量效果。在本实验中，由于测试距离近且测试要求不高，仅在被测部件上只安装了一片反光贴纸，因此，当旋转部件上的反光贴纸通过光电传感器前时，光电传感器的输出就会跳变一次。通过测出这个跳变频率 f，就可以知道转速 n。

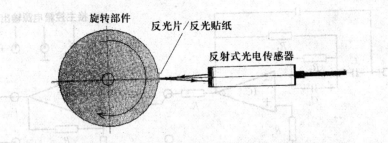

图 13-6　反射式光电传感器测转速的工作图

如果在被测部件上对称安装多个反光片或反光贴纸，那么，$n=f/N$，N 为反光片或反光贴纸的数量。

（2）磁电传感器的结构和工作原理。磁电传感器的内部结构如图 13-7 所示，它的核心部件有衔铁、磁钢、线圈几个部分，衔铁的后部与磁性很强的磁钢详解，衔铁的前端有固定片，其材料是黄铜，不导磁。线圈缠绕在骨架上并固定在传感器内部。为了传感器的可靠性，在传感器的后部填入了环氧树脂以固定引线和内部结构。

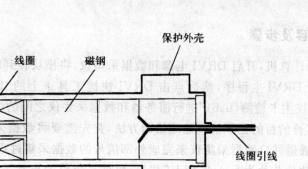

图 13-7　磁电传感器的内部结构

使用时,磁电转速传感器是和测速(发讯)齿轮配合使用的,如图 13-8 所示。测速齿轮的材料是导磁的软磁材料,如钢、铁、镍等金属或者合金。测速齿轮的齿顶与传感器的距离 d 比较小,通常按照传感器的安装要求,d 约为 1mm。齿轮的齿数为定值(通常为 60 齿)。这样,当测速齿轮随被测旋转轴同步旋转的时候,齿轮的齿顶和齿根会均匀的经过传感器的表面,引起磁隙变化。在探头线圈中产生感应电动势,在一定的转速范围内,其幅度与转速成正比,转速越高输出的电压越高,输出频率与转速成正比。

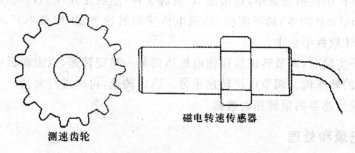

图 13-8　直射式光电传感器的工作方式

那么,在已知发讯齿轮齿数的情况下,测得脉冲的频率就可以计算出测速齿轮的转速。如设齿轮齿数为 N,转速为 n,脉冲频率为 f,则有

$$n = f/N$$

通常,转速的单位是转 / 分钟(rpm),所以要在上述公式的得数再乘以 60,才能得到以 rpm 为单位的转速数据,即 $n = 60 * f/N$。在使用 60 齿的发讯齿轮时,就可以得到一个简单的转速公式 $n = f$。所以,就可以使用频率计测量转速。这就是在工业中转速测量中发讯齿轮多为 60 齿的原因。

本次试验用转子实验台的发讯齿轮齿数为 16。

三、需用器件与单元

计算机;DRVI 可重组虚拟实验开发平台;光电转速传感器(DRHYF-12-A);磁电转速传感器(DRCD-12-A);转子实验台。

四、实验内容及步骤

(1)启动计算机,开启 DRVI 电源和数据采集仪,将模块转到转子实验台模块。

(2)运行 DRVI 主程序,然后点击 DRVI 快捷工具条上的"联机注册"图标,选择其中的"DRVI 采集仪主卡检测(usb)"进行服务器和数据采集仪之间的注册。

(3)本实验的目的是了解转速测量的方法,首先需要将数据采集进来,本实验台提供了一个配套的 8 通道并口数据采集仪来完成外部信号的数据采集过程,在 DRVI 软件平台中,对应的数据采集软件芯片为"usb 采集卡"芯片;数据采集仪的启动采用一片"0/1"芯片来控制;为完成转速的计算,使用一片"VBScript 脚本"芯片,在其中添加转速计算的脚本,计算出电机的旋转频率和转速,并通过"数码 LED"芯片显示出来;还需要选择一片"波形/频谱显示"芯片,用于显示通过传感器获取的转速信号的时域波形,就可以搭建出一个"转速测量"的实验了。

(4)打开菜单栏中的系统菜单,点击读 IC 资源文件,然后打开"C:\Program Files\Depush\DRVI3.0\script\USB 脚本\转子实验台\光电传感器转速测量(服务器)",将参考的实验脚本文件读入 DRVI 软件平台中。

(5)启动转子实验台,调节转速旋钮使电机达到某一稳定转速,点击面板中的"开关"按钮,观察并记录测量的转速值。调节电机转速至另一稳定转速,再次进行测量。

(6)打开菜单栏中的系统菜单,点击读 IC 资源文件,然后打开"C:\Program Files\Depush\DRVI3.0\script\USB 脚本\转子实验台\磁电传感器转速测量(服务器)",将参考的实验脚本文件读入 DRVI 软件平台中。

(7)启动转子实验台,调节转速旋钮使电机达到某一稳定转速,点击面板中的"开关"按钮,观察并记录测量的转速值。调节电机转速至另一稳定转速,再次进行测量。

(8)比较两种传感器测量转速的数据。

五、实验数据记录和处理

六、问题与讨论

简述光电传感器和磁电传感器的工作原理。

实验六　温度源的温度调节控制实验

一、实验目的

(1)了解温度控制的基本原理及熟悉温度源的温度调节过程。

(2)学会智能调节器和温度源的使用(要求熟练掌握),为以后的温度实验打下基础。

二、基本原理

当温度源的温度发生变化时温度源中的 Pt100 热电阻（温度传感器）的阻值发生变化，将电阻变化量作为温度的反馈信号输给智能调节仪，经智能调节仪的电阻－－电压转换后与温度设定值比较再进行数字 PID 运算输出可控硅触发信号（加热）或继电器触发信号（冷却），使温度源的温度趋近温度设定值。温度控制原理框图如图 13－9 所示。

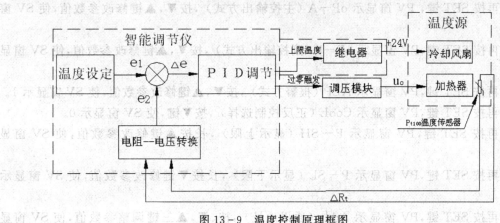

图 13－9　温度控制原理框图

三、需用器件与单元

主机箱中的智能调节器单元、转速调节 0～24V 直流稳压电源；温度源、Pt100 温度传感器。

四、实验步骤

温度源简介：温度源是一个小铁箱子，内部装有加热器和冷却风扇；加热器上有二个测温孔，加热器的电源引线与外壳插座（外壳背面装有保险丝座和加热电源插座）相连；冷却风扇电源为＋24V（或 12V）DC，它的电源引线与外壳正面实验插孔相连。温度源外壳正面装有电源开关、指示灯和冷却风扇电源＋24V（12V）DC 插孔；顶面有二个温度传感器的引入孔，它们与内部加热器的测温孔相对，其中一个为控制加热器加热的传感器 Pt100 的插孔，另一个是温度实验传感器的插孔；背面有保险丝座和加热器电源插座。使用时将电源开关打开（o 为关，一为开）。从安全性、经济性即具有高的性价比考虑且不影响学生掌握原理的前提下温度源设计温度≤160℃。

设置调节器温度控制参数：在温度源的电源开关关闭（断开）的情况下，按图 13－10 示意接线。检查接线无误后，合上主机箱上的总电源开关；将主机箱中的转速调节旋钮（0～24V）顺时针转到底，再将调节器的控制对象开关拨到 Rt.Vi 位置后再合上调节器电源开关，仪表上电后，仪表的上显示窗口（PV）显示随机数或 HH；下显示窗口（SV）显示控制给定值（实验值）。按 SET 键并保持约 3 s，即进入参数设置状态。在参数设置状态下按 SET 键，仪表将按参数代码 1～20 依次在上显示窗显示参数符号。下显示窗显示其参数值，此时分别按、▼、▲三键可调整参数值，长按▼或▲可快速加或减，调好后按 SET 键确认保存数据，转到下一参数继续调完为止,长按 SET 将快捷退出,也可按 SET + 直接退出。如设置中途间隔 10 秒未操作,仪表将自动保存数据,退出设置状态。

具体设置转速控制参数方法步骤:

(1)首先设置 Sn(输入方式):按住 SET 键保持约 3 s,仪表进入参数设置状态,PV 窗显示 AL−1(上限报警)。再按 SET 键 11 次,PV 窗显示 Sn(输入方式),按▼、▲键可调整参数值,使 SV 窗显示 Pt1。

(2)再按 SET 键,PV 窗显示 oP−A(主控输出方式),按▼、▲键修改参数值,使 SV 窗显示 2。

(3)再按 SET 键,PV 窗显示 oP−b(副控输出方式),按▼、▲键修改参数值,使 SV 窗显示 1。

(4)再按 SET 键,PV 窗显示 ALP(报警方式),按▼、▲键修改参数值,使 SV 窗显示 1。

(5)再按 SET 键,PV 窗显示 CooL(正反控制选择),按▼键,使 SV 窗显示 0。

(6)再按 SET 键,PV 窗显示 P−SH(显示上限),长按▲键修改参数值,使 SV 窗显示 180。

(7)再按 SET 键,PV 窗显示 P−SL(显示下限),长按▼键修改参数值,使 SV 窗显示 −1999。

(8)再按 SET 键,PV 窗显示 Addr(通讯地址),按、▼、▲三键调整参数值,使 SV 窗显示 1。

(9)再按 SET 键,PV 窗显示 bAud(通讯波特率),按、▼、▲三键调整参数值,使 SV 窗显示 9600。

(10)长按 SET 键快捷退出,再按住 SET 键保持约 3s,仪表进入参数设置状态,PV 窗显示 AL−1(上限报警);按、▼、▲三键可调整参数值,使 SV 窗显示实验给定值(如 100℃)。

(11)再按 SET 键,PV 窗显示 Pb(传感器误差修正),按▼、▲键可调整参数值,使 SV 窗显示 0。

(12)再按 SET 键,PV 窗显示 P(速率参数),按、▼、▲键调整参数值,使 SV 窗显示 280。

(13)再按 SET 键,PV 窗显示 I(保持参数),按、▼、▲三键调整参数值,使 SV 窗显示 380。

(14)再按 SET 键,PV 窗显示 d(滞后时间),按、▼、▲键调整参数值,使 SV 窗显示 70。

(15)再按 SET 键,PV 窗显示 FILt(滤波系数),按▼、▲、键可修改参数值,使 SV 窗显示 2。

(16)再按 SET 键,PV 窗显示 dp(小数点位置),按▼、▲键修改参数值,使 SV 窗显 1。

(17)再按 SET 键,PV 窗显示 outH(输出上限),按、▼、▲三键调整参数值,使 SV 窗显示 110。

(18)再按 SET 键,PV 窗显示 outL(输出下限),长按▼键,使 SV 窗显示 0 后释放▼键。

(19)再按 SET 键,PV 窗显示 At(自整定状态),按▼键,使 SV 窗显示 0。

(20)再按 SET 键,PV 窗显示 LoCK(密码锁),按▼键,使 SV 窗显示 0。

(21)长按 SET 键快捷退出,转速控制参数设置完毕。

(22)按住▲键约 3s,仪表进入"SP"给定值(实验值)设置,此时可按上述方法按、▼、▲三键设定实验值,使 SV 窗显示值与 AL−1(上限报警)值一致(如 100.0℃)。

（23）再合上图 13 - 10 中的温度源的电源开关，较长时间观察 PV 窗测量值的变化过程（最终在 SV 给定值左右调节波动）。

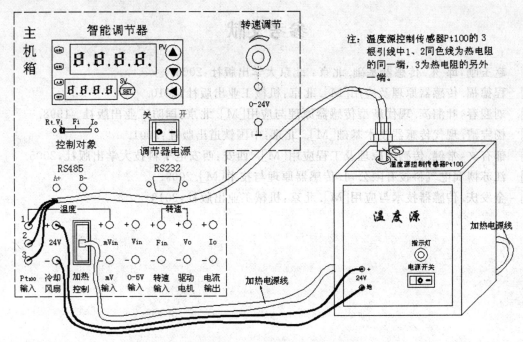

图 13 - 10　温度源的温度调节控制实验接线示意图

参考文献

[1] 赵玉刚,邱 东.传感器基础.北京：北京大学出版社:2006.

[2] 程德福.传感器原理及应用[M].北京:机械工业出版社:2010.

[3] 刘迎春,叶湘滨.现代新型传感器原理与应用[M].北京:国防工业出版社 :1998.

[4] 杨宝清.现代传感器技术基础[M].北京:中国铁道出版社:2001.

[5] 郁有文,常健.传感器原理及工程应用[M].西安:西安电子科技大学出版社,2005.

[6] 江苏博润电气科技有限公司.传感器原理与技术[M].2009.

[7] 金发庆.传感器技术与应用[M].北京:机械工业出版社:2010.